咖啡栽培与初加工基本技能

就业技能培训教材

人力资源社会保障部职业培训规划教材
人力资源社会保障部教材办公室评审通过

主编　李学俊

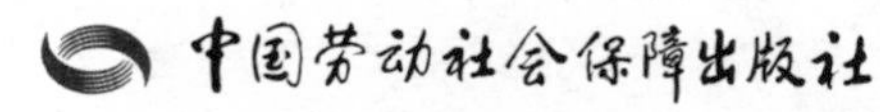

图书在版编目(CIP)数据

咖啡栽培与初加工基本技能/李学俊主编. -- 北京：中国劳动社会保障出版社，2019

就业技能培训教材

ISBN 978-7-5167-3608-1

Ⅰ.①咖… Ⅱ.①李… Ⅲ.①咖啡-栽培技术-技术培训-教材②咖啡-食品加工-技术培训-教材 Ⅳ.①S571.2②TS273

中国版本图书馆 CIP 数据核字(2018)第 256719 号

中国劳动社会保障出版社出版发行

(北京市惠新东街 1 号 邮政编码：100029)

*

三河市潮河印业有限公司印刷装订 新华书店经销

880 毫米×1230 毫米 32 开本 4.875 印张 98 千字

2019 年 3 月第 1 版 2024 年 6 月第 5 次印刷

定价：12.00 元

营销中心电话：400-606-6496

出版社网址：http://www.class.com.cn

前　言

国务院《关于推行终身职业技能培训制度的意见》提出，要围绕就业创业重点群体，广泛开展就业技能培训。为促进就业技能培训规范化发展，提升培训的针对性和有效性，人力资源社会保障部教材办公室对原职业技能短期培训教材进行了优化升级，组织编写了就业技能培训系列教材。本套教材以相应职业（工种）的国家职业技能标准和岗位要求为依据，力求体现以下特点：

全。教材覆盖各类就业技能培训，涉及职业素质类，农业技能类，生产、运输业技能类，服务业技能类，其他技能类五大类。

精。教材中只讲述必要的知识和技能，强调实用和够用，将最有效的就业技能传授给受培训者。

易。内容通俗，图文并茂，引入二维码技术提供增值服务，易于学习。

本套教材适合于各类就业技能培训。欢迎各单位和读者对教材中存在的不足之处提出宝贵意见和建议。

人力资源社会保障部教材办公室

内容简介

本书是为满足咖啡栽培与初加工的工作需要，根据咖啡产业对咖啡栽培与初加工的要求，结合生产实际，并参考国内外最新技术编写的。本书是咖啡栽培与初加工人员培训用教材，首先介绍了咖啡栽培与初加工人员的岗位常识，然后详细介绍了咖啡栽培与初加工的基本知识、咖啡育苗、咖啡种植园的建立、咖啡园管理、咖啡园病虫鼠害防治、咖啡初加工、咖啡质量控制等核心基本技能。

本书配有丰富直观的图片，文字通俗易懂，便于读者轻松学习，适合于就业技能培训使用。通过培训，初学者或具有一定基础的人员可以达到上岗的技能要求。

为帮助读者更好地掌握咖啡栽培与初加工技能，扫描封底的二维码可免费查看本书相关清晰图片。

本书由云南农业大学热带作物学院李学俊主编。本书在编写过程中得到了云南省普洱市人力资源社会保障局的大力支持，在此表示衷心的感谢。

目 录

第 1 单元　岗位认知 …………………………………………………… (1)

模块一　咖啡栽培与初加工的特点 ……………………… (1)

模块二　咖啡栽培与初加工岗位职责与基本要求 …… (4)

第 2 单元　咖啡树栽培的相关特性 …………………………………… (7)

模块一　咖啡的主要栽培种类及其遗传特征 ………… (7)

模块二　小粒种咖啡的主要栽培品种 …………………… (8)

模块三　咖啡树的植物学特性 …………………………… (13)

模块四　咖啡树生长、开花、结果习性 ………………… (18)

模块五　咖啡树的生物学特性 …………………………… (24)

模块六　咖啡树的适生环境 ……………………………… (26)

模块七　咖啡生态适宜区划分 …………………………… (30)

模块八　咖啡园生态系统 ………………………………… (31)

第 3 单元　咖啡育苗技能 …………………………………………… (37)

模块一　咖啡制种技能 …………………………………… (37)

模块二　咖啡播种催芽技能 ……………………………………… (40)
模块三　咖啡营养袋育苗技能 …………………………………… (43)
模块四　咖啡树扦插繁殖技能 …………………………………… (48)

第 4 单元　咖啡种植园的建立 ………………………………………… (53)

模块一　咖啡种植园的选择与规划 ……………………………… (53)
模块二　咖啡树种植园的开垦 …………………………………… (56)
模块三　咖啡苗木定植技术 ……………………………………… (58)
模块四　咖啡园植被的建立与管理 ……………………………… (61)

第 5 单元　咖啡园管理技能 …………………………………………… (65)

模块一　咖啡园耕作及除草技能 ………………………………… (65)
模块二　咖啡树合理施肥及土壤管理技能 ……………………… (68)
模块三　咖啡树的修剪及更新复壮技能 ………………………… (80)
模块四　咖啡树寒害及处理技能 ………………………………… (91)

第 6 单元　咖啡园病虫鼠害防治技术 ………………………………… (95)

模块一　咖啡树主要病害的防治技术 …………………………… (95)
模块二　咖啡树主要虫害的防治技术 …………………………… (104)
模块三　鼠害的防治 ……………………………………………… (111)

第 7 单元　咖啡初加工技能 …………………………………………… (115)

模块一　咖啡鲜果采收 …………………………………………… (116)

模块二　咖啡初加工技能 …………………………… (119)
模块三　带壳咖啡豆脱壳加工与储运技能 ………… (126)

第 8 单元　咖啡品质与质量控制技能 …………………… (133)

模块一　咖啡品质的评价技能 ……………………… (134)
模块二　咖啡质量控制 ……………………………… (139)

培训大纲建议 ……………………………………………… (144)

第 1 单元
岗位认知

模块一　咖啡栽培与初加工的特点

一、咖啡栽培的意义

我国从 20 世纪 50 年代中后期才开始生产性种植咖啡，起初发展比较缓慢，20 世纪 90 年代末我国的咖啡生产开始快速发展，种植面积不断扩大，单产水平显著提高，产量迅速增长。目前，我国的咖啡种植主要分布在云南、海南、四川等地区，咖啡已成为我国少数处于贸易顺差的热带农产品，在热带、亚热带地区经济建设中发挥了重要作用。

1. 经济效益

咖啡是一种热带、亚热带作物，其栽培投资小，收益快，效益长，产值及附加值高。春植咖啡第 2 年即有少量开花结果，第 3 年即可普遍结果，经济效益较高。咖啡豆通过深加工成为焙炒豆、焙炒粉、速溶粉等加工产品，其价值可大幅提高，深加工成其他产品则增值空间更大。

2. 社会效益

从世界和中国的情况来看，适宜咖啡种植的区域多分布在边远山区和贫困地区，这些地区经济发展相对落后，种植咖啡不仅能为人们提供咖啡产品，而且可增收致富，咖啡生产是农村就业的重要渠道，对推进热带、亚热带地区经济社会发展具有重要作用。同时，咖啡从种植、加工到饮用的整个过程均带有丰富多彩的文化内涵，因此，咖啡产业对于传播发扬咖啡文化也具有十分重要的意义。

3. 生态效益

咖啡树为多年生常绿灌木或小乔木，具有生长快、成林早、郁闭快，经济寿命长，光合作用能力强等优势，大规模种植咖啡能对绿化荒山、荒坡和改善当地生态环境起到很好的作用，是我国热带、亚热带地区实施退耕还林、发展农业经济、再造秀美山河的理想选择。

二、咖啡栽培与初加工的特点

1. 咖啡分布具有明显的地带性

咖啡原产于非洲东部的热带雨林，是生长于热带雨林下的灌木，目前咖啡种植主要分布在南北回归线之间，少数可延伸到南北纬 26°的亚热带地区。咖啡的分布具有明显的地带性，只有气候适宜的地方才能种植咖啡。

2. 咖啡树生长周期长

咖啡树从发芽到开花结果需要 3 年时间，投产后的经济寿命可长达二三十年或更长。这就要求在各项栽培技术的实施上，如品种的选配、种植园地的规划设计、种植形式和密度、开垦定植及管理措施等，都要有长远的规划，使其能够长期高产、稳产、优质，并使土地能够得到合理的利用。

3. 咖啡种植需要精细化管理

咖啡在栽培管理过程中，需要进行除草、施肥、修剪、采收及病虫害防治等工作。要获得高产和质优的咖啡豆，需要进行精细化管理。

4. 咖啡栽培模式独特

一定的荫蔽条件对小粒种咖啡的生长发育是有利的，不仅咖啡生长良好、产量稳定、颗粒大、籽粒饱满、品质好，而且咖啡树叶色常绿，病虫害少。因此必须要形成独特的栽培模式，即“仿热带雨林多层栽培的人工生态系统”，如实行“乔—灌—草”的群落栽培模式。

5. 咖啡是国际贸易商品

咖啡在国际贸易中的原料以咖啡生豆为主，根据品种可分为小粒种咖啡和中粒种咖啡；根据不同的初加工方法可分为水洗咖啡、半水洗咖啡和干法加工的咖啡。咖啡的不同等级有不同的品质特性和标准，在评定其品质、确定其价格后即可进入流通环节。

6. 咖啡初加工与咖啡品质的关系

咖啡初加工是形成商品豆的重要环节，规范的加工规章制度是咖啡商品豆质量的保证。咖啡初加工过程能够提升咖啡豆的品质，也能破坏咖啡豆的品质，恰当的咖啡初加工方式可以较好地固化咖啡豆的品质，展现出咖啡独特的地域风味。

模块二　咖啡栽培与初加工岗位职责与基本要求

一、咖啡栽培与初加工岗位职责

1. 咖啡栽培岗位职责

（1）培育优质咖啡苗木。通过良种选择、播种催芽、苗木管理、病虫害防治等环节，培育出优质咖啡苗木。

（2）建立优质咖啡园。按照咖啡园建立的标准，通过园地选择、开垦、定植、荫蔽树的建植等，建立优质咖啡园。

（3）管理好咖啡园。根据咖啡树的生物学特性，制定咖啡园管理标准，并按要求实施，促进咖啡园的稳产、丰产，从而获得高品质咖啡鲜果。

（4）控制咖啡树病虫害。根据咖啡树病虫害的特点，“对症下药”，控制病虫对咖啡树的危害。

2. 咖啡初加工岗位职责

（1）采收优质咖啡果。根据咖啡果成熟的规律和质量要求，采收优质咖啡果。

（2）选择恰当的咖啡初加工方式，完成咖啡初加工工作。根据客户的需求，选择恰当的初加工方式，并按质量标准，加工优质咖啡豆。

（3）咖啡质量初步评价及质量控制。通过对咖啡品质的评价，发现种植、加工、仓储等环节存在的问题并提出改进建议。

二、咖啡栽培与初加工人员基本要求

1. 知识要求

咖啡生产受咖啡品种、自然环境条件、培育管理及初加工等因素的影响，要生产出优质咖啡豆必须是良种栽植于适宜的环境，合理的栽培措施和恰当的初加工方法等多方面因素的有机结合。咖啡栽培与初加工人员应掌握咖啡树的生物学特性、种植环境条件、管理技术措施等方面的基本知识。

2. 能力要求

以职业能力培养为核心，咖啡栽培与初加工人员必须掌握咖啡育苗、咖啡种植园的建立、咖啡园管理、咖啡园病虫鼠害防治、咖啡采收与初加工技术、质量控制等基本操作技能。

3. 素质要求

咖啡栽培与初加工人员应具备“懂生产、熟技术、会管理”等素质及能力，保证咖啡稳产、丰产、质优，并且能够降低市场波动和灾害性天气等不利因素的影响，促进咖啡种植与初加工的可持续发展。

第2单元 咖啡树栽培的相关特性

咖啡为茜草科咖啡属植物，生产中通常所指的咖啡包括小粒种（C. arabica）、中粒种（即甘佛拉种 C. canephora，也称罗巴斯塔 C. robusta）、大粒种（C. liberica）3 个种类。商业性栽培的咖啡主要是小粒种和中粒种，小粒种约占栽培面积的 70%，中粒种约占栽培面积的 30%。

模块一　咖啡的主要栽培种类及其遗传特征

一、小粒种咖啡（C. arabica）

小粒种咖啡原产于埃塞俄比亚，株形矮（4~6 m），叶小，较耐寒和耐旱，气味香醇，品质较好，但易感咖啡叶锈病（以下简称锈病），易受天牛危害。多分布于高海拔（1 300~1 900 m）地区。自花授粉，实生后代遗传性状变异性小，约有 5%的自然变异率，有紫叶型、柳叶型、厚叶型、高干型等多种类型。

二、中粒种咖啡（C. canephora）

中粒种咖啡原产于刚果热带雨林地区，株高中等（5~8 m），不耐强光，不耐干旱，味浓香，但刺激性强，品质中等，抗锈病，不易受天牛危害。多分布于低海拔（低于 900 m）地区。异花授粉，实生后代遗传性状变异性大。

三、大粒种咖啡（C. liberica）

大粒种咖啡原产于利比里亚热带雨林地区，株形高大（6~10 m），叶大，耐强光和干旱，抗寒中等，味浓烈，刺激性强，品质最差，易感锈病，多分布于中低海拔地区。异花授粉，实生后代遗传性状变异性大。

模块二　小粒种咖啡的主要栽培品种

一、铁皮卡种群（Typical-Type）

铁皮卡咖啡原产于埃塞俄比亚及苏丹的东南部，不耐光照，顶叶为红铜色，故又称红顶咖啡。铁皮卡咖啡是埃塞俄比亚最古老的原生品种，属于风味优雅的古老咖啡，其树体较衰弱，抗病力差，易感锈病，因其栽培难度大，产量少，所以价格相比其他小粒种咖啡要高出很多。铁皮卡咖啡的豆粒较大，呈尖椭圆形或瘦尖状，其风味独特，特别是在香气和醇厚度方面表现极佳。在多年的栽培中演变出一系列变种。

1. 马拉哥吉普（Maragogype）

1870 年在巴西被发现，是铁皮卡的变异品种，豆粒是一般咖啡的三倍。其风味优雅，水果味明显，酸味剔透，但产量低，初加工较为困难。在巴西、哥伦比亚、危地马拉、尼加拉瓜、萨尔瓦多等国有少量种植。

2. 科纳（Kona）

19 世纪晚期由中美洲国家引入，是种植于美国夏威夷科纳产区的铁皮卡，其风味具有干净的酸香与甜感。

3. 蓝山（Blue Mountain）

1725 年牙买加总督移植 7 000 株铁皮卡到牙买加蓝山，经过了 200 多年的驯化。蓝山咖啡抗浆果病能力强，品质优越。

4. 瑰夏（Geisha）

1931 年从埃塞俄比亚西南部的瑰夏山（Geisha Mountain）移植到肯尼亚、坦桑尼亚、哥斯达黎加等国，随后移植到巴拿马，在巴拿马表现出卓越的品质，瑰夏咖啡具有独特的花香和柑橘香味，是高品质咖啡的代表。

二、波邦种群（Bourbon-Type）

波邦品种是铁皮卡咖啡的变种，起源于圣海伦娜岛（波邦岛），顶端嫩叶为绿色，俗称“绿顶波邦”或“圆身波邦”。波邦品种产量略高于铁皮卡，树体较弱，抗病力差，易感锈病，豆粒较铁皮卡小而圆。波邦咖啡在多年的驯化栽培中，演变出一系列变种。

1. K7（French Mission）

K7 是 1940 年以前肯尼亚的主栽品种，法国传教士从波邦品种中选育得来，称之为法国教会种，适宜低海拔干旱区域种植，品质好。

2. 卡杜拉（Caturra）

1935 年在巴西被发现，绿顶、叶片蜡质明显、节间短、果实成串，产量高，抗病力优于波邦。适宜高海拔的哥伦比亚、哥斯达黎加。在中南美洲海拔 1 500 m 种植的卡杜拉其口感优于波邦，在海拔 1 000~1 200 m 种植的卡杜拉口感不及波邦。卡杜拉果皮有红黄两种颜色。

3. 薇拉洛柏（Villa Lobos）

薇拉洛柏是在哥斯达黎加知名咖啡家族薇拉洛柏庄园发现的半矮生波邦变种，其果实耐强风，适应贫瘠土壤，产量高，果酸温和，焦糖香气凸显。

4. 薇拉莎奇（Villa Sarchi）

薇拉莎奇是 1950 年在哥斯达黎加莎奇村（Sarchi）发现的波邦种矮生树，适宜高海拔种植，其杯品似波邦，焦糖味明显、果酸有劲，但产量不高。

5. 尖身波邦（Bourbon Pointu）

尖身波邦是 1810 年在法属波邦岛被发现的，矮生型，豆尖瘦，似发育不良的瑕疵豆，其产量是波邦矮生型中最低的，生势弱，不抗病，咖啡因含量为小粒种的一半，带有荔枝和柑橘味。

三、卡蒂莫种群（Catimor-Type）

1. 卡蒂莫（Catimor）

卡蒂莫是目前中国种植最广的咖啡种群，具有抗锈病、丰产等特性。1959 年葡萄牙的 D'Oliveira 博士，用卡杜拉与蒂莫杂交种 CIFC HDT832/1（Hibrido de Timor，简称 HDT）进行杂交选育而成。1970—1980 年卡蒂莫被各国大力引进栽种，是全球种植面积最大的高产品种。印度尼西亚称之为 Ateng，巴西、印度、哥斯达黎加的农业研究单位推出不同形态的卡蒂莫，如 Catimor 系列品种：P1（CIFC7960）、P2（CIFC7961）、P3（CIFC7962）、P4（CIFC7963）、T8667、T5175、矮卡等。

2. 蒂莫杂交种（Hibrido de Timor）

1950—1960 年葡萄牙的 D'Oliveira 博士在帝汶发现小粒种与罗巴斯塔天然杂交且有生育能力的品种。1978 年印度尼西亚引种称之为 Tim，经过多年驯化与苏门答腊特有的初加工处理，成为今日曼特宁的主力品种之一。

四、萨切莫咖啡种群（Sarchimor-Type）

是由薇拉莎奇（Villa Sarchi）与蒂莫杂交种（CIFC HDT832/2）杂交后代选育而成，在抗锈病、产量及品质等方面表现突出。

五、哥伦比亚（Columbia）

1982 年哥伦比亚用蒂莫杂交种（CIFC HDT1343）与卡杜拉进行回交，经过十多年的培育，消除了杂味，普洱的 Pt（Progeny86），近年推出改良品种“卡斯提罗（Castillo）”。

六、其他杂交种

1. 黄波邦（Yellow Bourbon 或 Bourbon Amarelo）

1930 年，巴西在保罗产区发现红波邦与铁皮卡变种黄果皮波图卡图自然杂交品种，经坎皮纳斯农业研究所育成，1952 年推广种植。在巴西，黄波邦的产量比红波邦高 40%，酸甜味优于红波邦，是精品豆的代名词。

2. 蒙多诺沃（Mundo Novo）

蒙多诺沃是葡萄牙语“新世界”的意思。1931 年，巴西在保罗产区发现红波邦与苏门答腊铁皮卡自然杂交品种。此品种树高体健，产量比波邦和铁皮卡高，但果酸含量、酸味和甜度较低。

3. 卡杜埃（Catuai）

卡杜埃是 1950 年巴西用黄果皮卡杜拉与蒙多诺沃杂交的矮生品种，红顶、节间短，产量比卡杜拉高 20%～30%，耐寒抗风。此品种有红果皮和黄果皮两种，黄果皮杯品杂味重，红果皮杯品干净。

4. 帕卡马拉（Pacamara）

1950—1960 年，由萨尔瓦多用帕卡斯与马拉哥吉普杂交而成。帕卡马拉的豆体比马拉哥吉普大，且具有水果香酸与甜感，厚实度与油脂感佳。

5. 鲁依鲁 11（Ruiru 11）

1985 年，肯尼亚的鲁依鲁咖啡研究所用蒂莫杂交种与苏丹原生小粒种鲁美苏丹杂交所得。此品种抗锈病和果腐病，高产，风味复杂多变。

6. 肯特（Kent）

1920 年，英国人肯特在印度筛选出抗病能力强的变种，风味好，产量高。1940 年引入肯尼亚，但其锈病重。澳大利亚和肯尼亚至今仍有少量纯种肯特作为商业栽培。

7. S795

S795 是 1946 年印度用 S288 与肯特杂交的品种，印度尼西亚称之为 Jember。S288 是 S26 的第一代，S26 是大粒种与铁皮卡的杂交品种。S795 抗病能力强，豆粒大，风味佳，是印度和印度尼西亚的主力精品品种。

8. S288

该品种源于印度，是小粒种和大粒种咖啡的天然杂交种与 Kent 种杂交的后代 S26 自交育成。该品种具有大粒种的抗病基因 SH3，以及抗世界分布最广的锈病Ⅱ号小种的能力。该品种 1935 年在印度大面积推广种植。

模块三　咖啡树的植物学特性

咖啡树的基本结构如图 2—1 所示。

一、根

1. 根系的组成和形态

咖啡树的根系属于直根系，有主根和侧根，圆锥形。小粒种咖啡 3～4 年的结果树，主根一般深 70 cm 左右，咖啡根系的再生能力

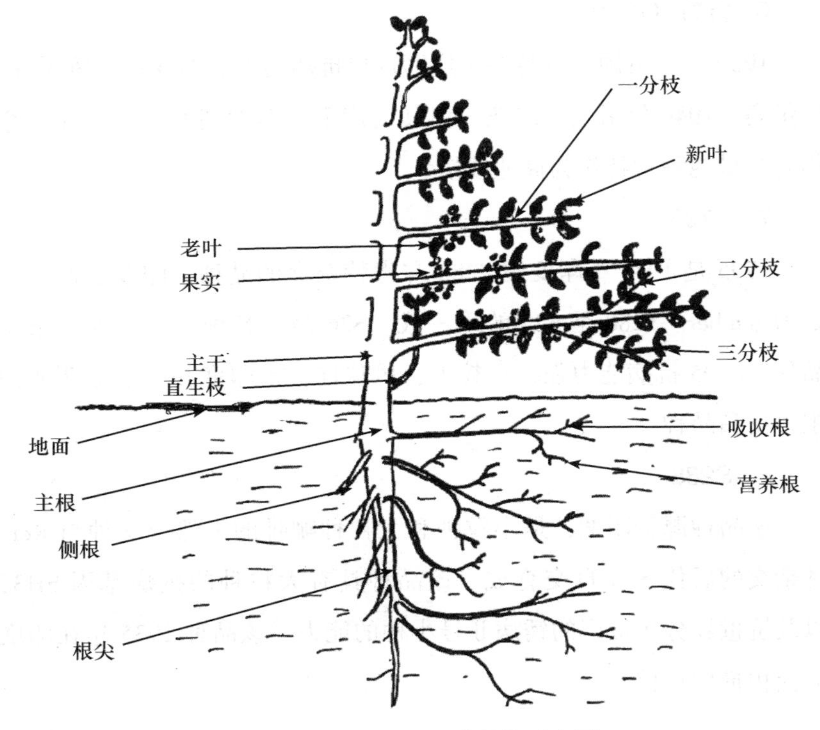

图 2—1　咖啡树的基本结构示意图

较强，主根受伤后常分生出多条次生主根。

2. 根系的分布（见图 2—2）

小粒种咖啡根系的分布因树龄、土壤、地下水位及栽培措施等不同而异。

（1）垂直分布。咖啡的根系有明显的层状结构，一般每隔 5 cm 为一层，但大部分吸收根分布在 0～30 cm 深的土层内，尤其以分布在 15 cm 以上的土层内最多，小部分分布在 30～60 cm 的土层内，少量吸收根分布在 60～90 cm 的土层内。表层土的吸收根粗而洁

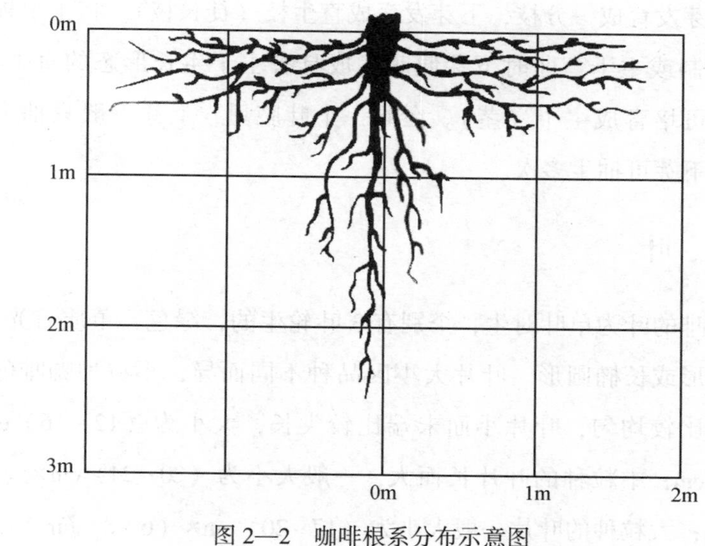

图 2—2　咖啡根系分布示意图

白，在 30 cm 以下土层内的吸收根黄而纤弱。主根深达 70 cm 以下，往往变成细长而呈吸收根形态向下层伸展。

(2) 水平分布。咖啡根系的水平分布一般超出树冠外沿 15~20 cm。

二、茎

咖啡的茎又称为主干，是由直生枝发育而成。茎直生，嫩茎略呈方形，绿色，木栓化后呈圆形，褐色。小粒种咖啡茎节间长 4~7 cm，节间的长短受环境的影响很大，在过度荫蔽的条件下，节间长可达 20~30 cm，但也有一些节间短的突变种。咖啡茎干节间的长短与品种、土壤肥力、荫蔽条件及栽培措施有关。每个节上生长一对叶片，叶腋间有上芽和下芽，上芽和下芽重叠在一起，称为叠生芽。上芽发育成一分枝，下芽发育成直生枝（徒长枝）。在主干顶芽受到抑制或主干弯曲时下芽便萌发成具有主干生长形态的直生枝，直生枝可培育成主干（茎）。在同一个叶腋里，上芽一般只抽生一次，但下芽可抽生多次。

三、叶

咖啡的叶为单叶对生，个别有3叶轮生的，绿色，革质有光泽，呈椭圆形或长椭圆形。叶片大小因品种不同而异，小粒种咖啡的叶片大小比较均匀，叶片小而末端比较尖长，大小为（12~16）cm×（5~7）cm；中粒种的叶片长而大，一般大小为（20~24）cm×（8~10）cm；大粒种的叶片一般大小为（17~20）cm×（6~8）cm。不同的品种品系，其叶缘形状也不同，小粒种叶缘波纹明显且较小，中粒种叶缘多为波浪形，大粒种叶缘则无波纹或波纹不明显。

四、花

咖啡的花朵丛生于叶腋间，以2~5朵着生在一个花轴上，花梗短，花白色或粉红色，芳香。中、小粒种的花瓣一般为5片，大粒种的花瓣为7~8片。花管状，圆柱形。雄蕊数目多与花瓣数目相同，雌蕊柱头两裂，子房下位，一般为2室，也有1室或3室的。虫媒花，小粒种能自花授粉，中粒种及大粒种则为异花授粉。

咖啡具有多次开花现象及花期集中的特性。小粒种咖啡在云南，其花期为2—7月，盛花期为3—5月。小粒种咖啡开花受气候，特别是雨量和气温的影响较大。高温干旱，花蕾发育不正常，结果率低；过度干旱，花蕾细小，不开花或开花后不坐果。气温低于10℃

时花蕾不开放，气温达到 13℃以上时才有利于开花。

五、果

咖啡果为核果，椭圆形，长 9~14 mm，幼果绿色，成熟时呈红色、紫红色；部分品种如黄波邦、黄卡杜拉等成熟时果皮为黄色。每个果实通常含有 2 粒种子，也有单粒和 3 粒的。咖啡果实发育时间较长，小粒种咖啡需要 8~10 个月；中粒种咖啡需要 10~12 个月；大粒种咖啡需要 12~13 个月。果实发育的速度因种类不同而异。小粒种咖啡果实在花后 2~3 个月增长最快，4 个月以后，体积基本稳定，干物质积累逐渐增加，花后 5~6 个月干物质增长最快。咖啡果实可分为以下几个部分（见图 2—3）。

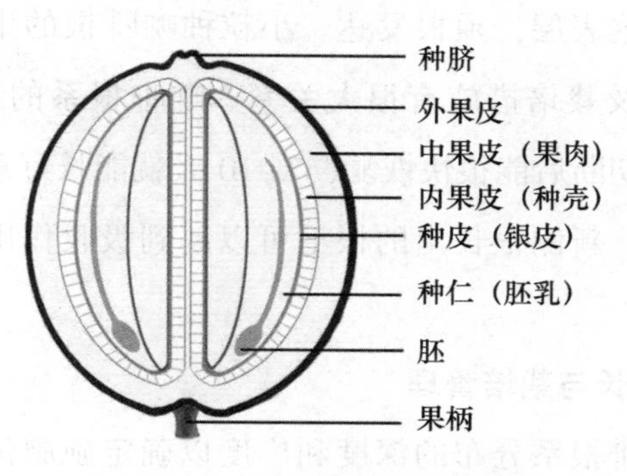

图 2—3　咖啡果实结构示意图

（1）外果皮。外果皮为薄薄的一层革质，未成熟前为绿色，将近成熟时为浅绿色，充分成熟时为鲜红色或紫红色。

（2）中果皮。中果皮即果肉，是一层带有甜味和间杂有纤维的浆质物。

（3）内果皮。内果皮也称种壳，是由石细胞组成的一层角质壳。

（4）种子。种子包括种皮（银皮）、种仁（胚乳）、胚等部分。

模块四　咖啡树生长、开花、结果习性

一、根的生长习性

1. 根的生长

小粒种咖啡的根在正常情况下有一条粗而短的主根，主根一般不分叉，但在苗期向下生长时如遇到障碍物或育苗时受伤等情况，主根即从伤口愈合处向下长出 1~2 条次生主根代替主根。侧根不太多，浮生于土壤表层，须根发达。小粒种咖啡根的生长与土壤、温度、地下水位及栽培措施有很大关系。咖啡根系的再生能力较强，在受损或者被切断后能很快恢复，7~10 天就能长好愈伤组织，并萌发出许多侧根，新侧根长出的根毛可以起到吸收作用，是最活跃的根系。

2. 根的生长与栽培管理

应研究咖啡根系分布的深度和广度以确定施肥位置；研究根系生长动态以确定施肥的时间，特别是确定速效氮肥和钾肥的施用时间。

二、茎叶的生长习性

当咖啡树幼苗长出 9~12 对真叶时，便开始抽生出第一对分枝。在定植当年由于根系尚不发达，一般只长 4~6 对分枝。第二年生长量开始增大，一般可长出 7~12 对分枝。第三年生长量最大，平均可抽生 14~15 对分枝，如果管理得好，可以抽生 16~18 对分枝。这时，下层也抽生出少量二分枝，开始形成树冠，并结少量果实。第四年进入结果期，以后主干生长逐渐减慢。在自然生长状况下，小粒种咖啡树可高达 4~6 m。

咖啡树主干的生长有比较明显的顶端优势现象，靠近顶部的枝条生长旺盛，但这种顶端优势现象会随主干的增高而逐年减弱，一般到第四年，主干向上生长开始减慢。主干的生长速度和雨水、气温有密切关系，在云南、海南等地 5—10 月高温多雨，植株生长量大，在冬季低温干旱期，生长缓慢或不生长，有明显的过冬迹象。

三、分枝习性

1. 分枝的类型（见图 2—4、图 2—5）

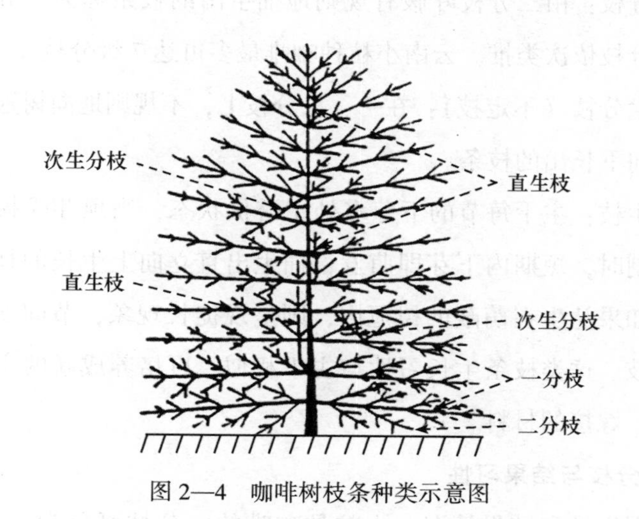

图 2—4　咖啡树枝条种类示意图

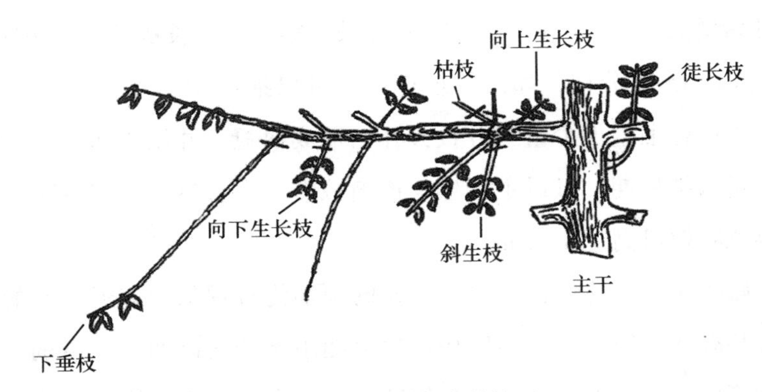

图 2—5　咖啡树枝条结构图

咖啡树枝条按其着生的部位及生长方向可分为以下几种类型。

一分枝：主干叶腋有上下两种芽（叠生芽），上芽发育成水平横向的分枝，称为一分枝，每个上芽只能抽生一次，下芽可多次抽生。

二分枝：一分枝上抽生的枝条称为二分枝，它比一分枝短。

三分枝：由二分枝叶腋有规则地抽生出的枝条称为三分枝。其他各级分枝依次类推。云南小粒种咖啡最多可达 7 级分枝。

次生分枝（不定枝）：在一、二分枝上，不规则地向树冠内部或向上、向下长出的枝条。

直生枝：主干每节的下芽多处于潜伏状态，当顶芽受损或生长受到抑制时，短期内下芽即萌发，抽生出直立向上生长的枝条。这些枝条如果丛生在荫蔽的树冠内，则呈现徒长现象，节间变长，又称徒长枝。这类枝条生长习性与主干相似，可培养成新的主干或作为扦插、嫁接的材料。

2. 分枝与结果习性

根据生长和结果情况，小粒种咖啡的一分枝可分为三种类型。

图 2—6 所示为小粒种咖啡三种类型枝条三年生长情况。

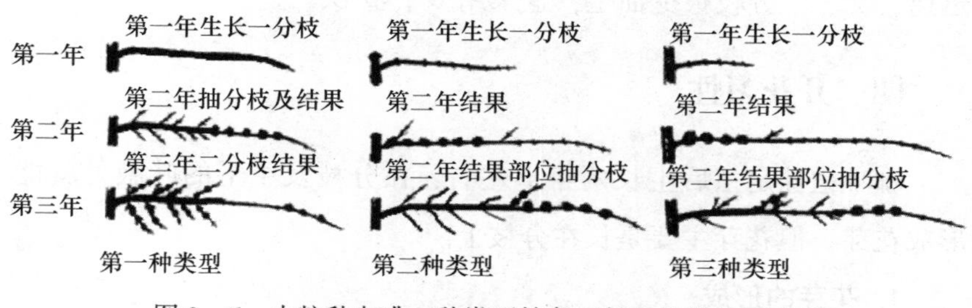

图 2—6　小粒种咖啡三种类型枝条三年生长情况示意图

第一种类型：每年 2—5 月抽生的一分枝，以营养生长为主，当年生长量最大，多数在次年春抽生二分枝。健壮的一分枝当年（7—8 月）抽生的二分枝，其个别枝条在次年即可开花结果。单干整形时要选留这类一分枝，将其培养成骨干枝。

第二种类型：当年 6—7 月抽生的一分枝，抽生后其生殖生长和营养生长同时进行。因此，次年每个节都能开花结果，而很少抽生二分枝。结果的一分枝延续生长的部分，则在第三年开花结果，是第三年的主要结果枝条。

第三种类型：9 月抽生的一分枝，由于抽生后不久就进入低温干旱季节，所以枝条生长缓慢，且当年生长量小，次年开花结果。次年延续生长的部分可抽生出二分枝。

3. 分枝的生长

咖啡枝条的生长习性，常因品种和所处环境条件的不同而异。在云南高海拔地区栽培的小粒种咖啡，由于气候寒凉，云量大，光照短，植株生长缓慢，但枝干发育粗壮，一分枝结果后发育成健壮的骨干枝，二、三分枝抽生能力强，生长旺盛，结果密集，为主要结果枝，宜采用单干整形。但在高温多雨的低海拔地区，主干生长迅速，二、三分枝很少抽生，宜采用多干整形。

四、开花习性

咖啡植株定植后生长两年半左右，在分枝及主干的叶腋处就能形成花芽，但花芽主要是长在分枝上。

1. 花芽的形成

咖啡花芽的形成与枝条内部养分及环境有密切关系，小粒种咖啡的花芽在10—11月开始发育。在光照充足和一定的干旱期下，枝条上的腋芽能形成大量的花芽，但在过度荫蔽下所生长的纤细枝条上花芽就少。当年生枝条上也可以形成花芽，但在后期管理差及气候条件不利时，花芽也会转变成叶芽。

2. 开花特征

咖啡具有多次开花和花期集中的特性。小粒种咖啡的花芽为复芽，每个腋芽有花芽2~6个。每个花芽能结4个果。同一腋芽的花芽（或不同株花芽）发芽时间不一致，形成多次开花现象。小粒种咖啡花期因品种、环境的不同而异。在云南，花期为2—7月，盛花期为3—5月；在海南，花期为11月至翌年4月，盛花期为2—4月；在广西，花期为2—6月，盛花期为4—6月。

咖啡花芽发育至最后阶段，需要一定的雨量和温度才能开放，如遇干旱或低温，花芽就不能开放或只能开出星状花；介于正常花与星状花之间的花朵称为近正常花。星状花的花瓣小、尖、硬，无香味，呈黄色或浅红色，坐果率很低或不坐果。近正常花可以坐果，但坐果率比正常花要低。在花期，如遇干旱天气，通过灌水可以增加正常花，减少星状花。气温低于 10℃时花蕾不开放，气温在 13℃以上才有利于开花。在盛花期 3—5 月，如头一批花芽开放后遇到干旱且没有灌溉条件，则坐果率低，但到后期有充足雨水时，仍能大量开花结果。

咖啡花的寿命短，只有 2~3 天的时间。小粒种咖啡的花一般在清晨 3—5 时初开，5—7 时盛开。雄蕊花药在盛开前即散出少量花粉，到 9—10 时，花粉囊就会全部开裂，散出大量花粉。小粒种咖啡雌蕊柱头较雄蕊成熟早，柱头授粉能力以开花当天及第二天最强，其后逐渐丧失授粉能力。

五、结果习性

咖啡果实发育时间较长，小粒种咖啡需要 8~10 个月（在当年的 10—12 月成熟）。天气对咖啡的成果率影响很大，尤其是受开花后 2 天内天气变化的影响最大。开花后晴天或阴天、静风、空气湿度大，有利于坐果。开花后如果遇干旱、刮风或连续下大雨，则不利于咖啡果实的形成。

小粒种咖啡果实在开花后 2~3 个月增长最快，4 个月以后，体积基本稳定，干物质积累逐渐增加，5~6 个月干物质增长最快。咖啡果实在发育过程中有落果和干果现象，其原因除了受天气影响外，主要是受植株体内养分状况的影响。因此，加强施肥管理，改善植株体内养分状况，可减少落果和干果现象，提高咖啡产量。

模块五　咖啡树的生物学特性

一、咖啡树的一生

1. 幼苗期

幼苗期是指从种子（或扦插、嫁接）发芽到苗木出圃的一段时间（苗圃育苗的阶段），为 0.5~1.5 年。小粒种咖啡播种后，经过一段时间的萌发后子叶开始出土，一般要经过 30~100 天，其时间的长度与温度和湿度有极大的相关性。然后须将子叶苗移到营养袋中培育，经过 3~12 个月方可出圃。

主要农业措施：幼苗抵抗不良环境条件的能力差，容易受到外界环境条件的影响，易遭旱、寒、病、虫和杂草的危害；早期生长缓慢，后期生长快，茎叶生长旺盛，每月可抽 1~3 对叶。针对苗期的这些特点，农业措施应做到防病防虫、及时供水防旱、抗寒越冬、勤施追肥、清除杂草，以保证苗木质量、出苗率和出苗时间。

2. 幼树期

幼树期是指从定植到大田至开始开花结果之前的这段时间，为 2~3 年。这段时间的主要特点是营养生长旺盛，每年可抽生 6~8 对一分枝，以根、茎、叶生长为中心，地上和地下部分迅速扩展，形成理想的植株结构，并为开花结果做准备。

主要农业措施：这个时期的农业措施是保证苗木成活，促进营养器官的协调生长，培养良好的树体结构。这个阶段的早期管理是关键，应做到保全苗、补换植、勤施肥、勤除草、防虫害、适当修剪、种植荫蔽树等。

3. 初产期

初产期是指从开始结果到盛产来临的这段时间，小粒种咖啡初产到盛产为 1~2 年。这一时期，咖啡开始进入生殖生长阶段，对养分需求量大，咖啡树营养生长旺盛，应注意生殖生长和营养生长的协调。

主要农业措施：这一时期应注意咖啡树结果量，如这一时期过度开花结果，极易造成第二年的枯枝，同时生长量不足，影响盛产期的产量。这一时期应做到加强水肥管理，避免过度开花结果，做好病虫害的防治工作。

4. 盛产期

小粒种咖啡初产后 1~2 年即进入盛产期，如管理得好，盛产期可持续 30 年左右。这一时期是栽培上最有价值、经济效益最好的一段时间，产量达到了最高峰。但这一时期如果管理不到位，就会造成咖啡树枯枝干果、大小年严重、树体衰退等现象。

主要农业措施：这一时期的农业措施是整形修剪，保证肥水供应，控虫防病，适时适量采收，调节荫蔽度等。

5. 衰老期

本期咖啡树出现明显的衰退迹象，生长量逐年下降，经济寿命已临近结束。其寿命长短与气候、土壤、管理水平密切相关，如云南大理宾川朱苦拉的百年古咖啡树至今仍能开花结果。

主要农业措施：这个时期应注意防治病虫害，并考虑更新准备工作。

二、咖啡树的年生育

1. 咖啡树分枝的生长发育

一年中咖啡树分枝的生长发育受温度的影响，3—10 月是分枝生长的主要阶段，幼树平均每月能抽生一分枝 1.5 对左右，6 月以前抽生的一分枝在第二年能萌生二分枝。

2. 咖啡树根系的发育

咖啡树根系在一年中的活动，随着季节的变化呈现规律性的变化。通常在高温多雨季节生长较快，在低温干旱季节生长缓慢。

3. 咖啡树的开花结实

在云南，一年中小粒种咖啡的花期一般在 2—5 月，果实的发育需要 9 个月左右的时间才能成熟。

模块六　咖啡树的适生环境

一、气候条件与咖啡树生育的关系

1. 光照对咖啡树生育的影响

咖啡树为热带雨林的下层树种，不耐强光，适度的荫蔽条件对其生长发育较为有利。在全光照栽培条件下，光照过强，叶片会产生避光反应，营养生长受到抑制，造成枝干密节，植株矮化，生殖生长加强，结果早而多，产量大，果早熟、颗粒小，但易出现早衰现象，大小年结果现象明显。幼苗需要 70%~80%的荫蔽度，结果树需要 20%～50%的荫蔽度。适当的荫蔽度，会使咖啡树叶色浓绿，抵抗锈病、炭疽病、褐斑病等真菌性病害的能力加强，且咖啡天牛类害虫相对较少，咖啡产量比较稳定，果实饱满，颗粒大，质量好。荫蔽度过大，光照不足，易导致咖啡树徒长，花、果稀少，产量降低。咖啡为短日照植物，光照超过 13 个小时则不能开花结果；成龄树直射光照 3～4 个小时即可正常开花结果。

2. 温度对咖啡树生育的影响

温度是限制咖啡分布和生长的重要因素，但咖啡因种类不同而对温度要求具有一定的差异。小粒种咖啡较耐寒，喜温凉气候，以年平均气温 17.5～23.0℃且无低温寒害的环境较为适宜。绝对最低气温为 −1℃时，植株嫩茎、嫩叶部分受害；气温低于 8℃时嫩叶生长受到抑制，枝干节间变短；温度低于 13℃时，咖啡生长缓慢，甚至受到抑制；气温达 15℃时，生长开始加速；气温为 20～23℃时，咖啡生长最快；28℃以上时，咖啡的净光合作用开始下降，植株生长缓慢，到 30℃时几乎停止生长。中粒种咖啡对温度的要求较小粒种咖啡高，咖啡树生长发育对温度的适应性见表 2—1。

表 2—1　　咖啡树生长发育对温度的适应性

单位：℃

温度条件	小粒种	中粒种
适宜生长年平均温度	17.5～23.0	21.0～28.0
生长最快温度	20.0～23.0	23.0～25.0
生长缓慢温度	≤13.0 和≥28.0	≤15.0 和≥30.0
抑制嫩叶生长温度	≤8.0	≤10.0
嫩叶受害温度	−1.0	≤2.0
不利于开花温度	≤10.0	≤10.0

3. 水分对咖啡树生育的影响

咖啡产区为热带、亚热带地区，四季不分明，但具有明显的旱季和雨季之分。世界各地咖啡产区的降雨量差异很大，如肯尼亚部分咖啡产区年降雨量只有 800 mm，而哥斯达黎加和印度部分咖啡产区年降雨量可达 2 500 mm，我国云南省保山市潞江坝年降雨量也只有 780 mm，但一般咖啡主产区的年降雨量多为1 000~1 800 mm。年降雨量在 1 250 mm 以上，分布均匀，且花期及幼果期有一定降雨量的地区最适宜咖啡生长发育。年降雨量低于 1 000 mm 的咖啡产区，要兴修水利，确保旱季灌溉，以补充土壤水分。

4. 其他气象因素对咖啡树生育的影响

适当的空气流动对咖啡生长发育较为有利。咖啡为浅根系植物，不耐强风，台风、干热风对咖啡生长发育有重要的影响。干热风易使咖啡叶片萎蔫、枯黄、嫩叶脱落；在花期影响开花及坐果，花蕾枯萎，导致幼果脱落。10 级以上暴风雨，会将咖啡树吹倒。因此，咖啡性喜年平均风速在 1.5 m/s 以下的静风环境。

二、地形、地势、海拔对咖啡园气象因素及咖啡树生育的影响

1. 海拔

咖啡产区多分布在热带高原或高海拔山区，赤道地区热量较高，可种植到海拔 2 000 m 左右，回归线两侧热量较低，大多数种植在海拔 1 000 m 以下。云南的咖啡产区主要分布在东南部、南部、西南部及北部金沙江流域河谷地区，以哀牢山为界，哀牢山以东地区主要种植在海拔 1 000 m 以下，哀牢山以西地区主要种植在海拔 1 500 m 以下，少

数地区可以种植到海拔 1 700 m；北部金沙江流域可以种植到 1 400~1 600 m 。海拔对咖啡无直接影响，但其通过对气象要素的再分配，从而对咖啡生长发育和质量产生直接影响，一定程度上，海拔高度与咖啡豆品质呈正相关。由于云南咖啡产区地形地貌复杂，部分地区山高谷深，立体气候明显，因此种植海拔的高度，要根据实际地块具体确定。

2. 坡向

在纬度、经度、海拔都相同的地区，南坡的光照和温度高于北坡，湿度则低于北坡，而北坡与南坡相反，东坡、西坡介于两者之间，因此在低纬度气温较高的地区，宜选择北坡（阴坡）种植咖啡，而在高纬度气温较低的地区，宜选择南坡（阳坡）种植咖啡，具体应根据当地气候状况而定。

3. 坡度

坡度对温度和光照有直接影响，在南坡（阳坡)，随着坡度的增加，光照增强、温度增高，而北坡则相反，东坡、西坡介于南坡与北坡之间。一般咖啡种植坡度不宜超过 25°，坡度大于 5°时要开垦梯地进行种植。

4. 地形

在有台风或常年刮大风的地区，宜选择背风地形种植咖啡；平流寒害地区，冬季易受寒流袭击，宜选择背风向南开口，冷空气难进易出的地形种植咖啡；辐射寒害地区（如滇西、滇南的局部地区)，宜选择地势开阔，冷空气不易沉积的地块种植咖啡。

三、土壤物理条件与咖啡树生育

咖啡根系发达，要求疏松肥沃、土层深厚、排水良好的壤土，以壤土、沙壤土、轻黏土为宜，沙土、重黏土不宜选用；土层深度不少于 60 cm；土壤酸碱度呈微酸性至中性，pH 值为 5.5~6.5 最适宜咖啡根系发育及植株生长，pH 值低于 4.5 和高于 8.0，都不利于咖啡的生长发育。

模块七　咖啡生态适宜区划分

一、咖啡生态适宜区划分指标

咖啡生态适宜区的划分依据，主要根据咖啡种植区域的农业气象指标进行综合分析确定，重点是热量和雨量条件，包括年平均气温、最冷月平均气温、极端最低气温、年降雨量等农业气象指标。咖啡生态适宜区划分指标见表 2—2。

表 2—2　　咖啡生态适宜区划分指标

区类	小粒种咖啡指标			中粒种咖啡指标		
	最低气温≤-1℃出现率（%）	年平均气温（℃）	年降雨量（mm）	最低气温≤-1℃出现率（%）	年平均气温（℃）	年降雨量（mm）
最适宜区	0~3.3	19.1~21.0	1 200~1 700	0~3.3	23.0~25.0	>800
适宜区	0~3.3	21.0~23.0	1 200~1 700	0~3.3	25.0~28.0	>800
次适宜区	3.4~6.6	17.5~19.0	800~1 000	3.4~6.6	21.0~23.0	1 300~1 700
不适宜区	>6.6	<17.5	<800	>6.7	<21.0	<800

二、中国热区土地资源及咖啡优势产区

我国热带、亚热带地区幅员辽阔，主要分布在海南省和广东、广西、云南、福建、湖南省（区）南部及四川、贵州省南端的河谷地带，热区土地总面积为48万km^2，约占全国土地总面积的5%，是我国发展咖啡等热带作物的宝贵土地资源，其中咖啡优势产区主要集中于云南、广东及海南三省。中国咖啡优势产区见表2—3。

表2—3　　　　中国咖啡优势产区

省份	优势产区（县）
云南	思茅、澜沧、景谷、墨江、孟连、隆阳、龙陵、昌宁、潞西、瑞丽、勐腊、勐海、景洪、耿马、沧源、镇康、双江、临翔、永德、盈江、陇川、镇沅、江城
广东	吴川、廉江、雷州、遂溪、徐闻、高州、化州、电白
海南	儋州市、琼山、文昌、澄迈、临高、定安、屯昌、琼海、万宁、琼中、白沙

模块八　咖啡园生态系统

咖啡园生态系统是指咖啡树与其他生物及环境在空间、结构、功能上形成的动态平衡整体。目前，咖啡园生态系统主要类型有纯咖啡园生态系统和复合咖啡园生态系统。两者因生态结构不同，其所带来的综合效益也不同。

一、纯咖啡园生态系统

纯咖啡园生态系统是指地面上只种植咖啡树，没有间作、混作其他栽培植物的咖啡园，有些地区称之为“暴晒咖啡”。在世界咖啡产区中以巴西为代表，部分国家和地区也采用这种种植方式。

1. 纯咖啡园生态系统的特点

这类咖啡园不受其他植物的影响，主要生物群落是咖啡树、动物、微生物及一年生草本植物，其生态系统结构简单，物种单一。纯咖啡园生态系统强化了专业化咖啡园的管理，咖啡树集中连片。纯咖啡园生态系统的地上垂直分布为咖啡树树冠为最上层，地表覆盖一些草本植物。平面结构上也没有其他作物。这种分层较为简单，层次较少，但受环境影响比较大，树冠顶部和外围受光直射，光照强度大，从树冠外围到中心、从顶层到下部光照强度逐渐降低。

2. 纯咖啡园咖啡树的表现

（1）顶端生长受到抑制。由于顶部光照强，顶端生长会受到一定的抑制，二、三分枝分生能力强，投产几年后，二、三分枝为主要的结果枝条。

（2）咖啡果发育成熟时间变短。正常咖啡果成熟需要 9 个月左右的时间，但因纯咖啡园咖啡树体受到的光照强烈，特别是在干旱地区，有的咖啡果发育 6 个月左右即成熟，咖啡种子内含物质积累不足，种子颗粒变小，外观品质下降，同时其内在品质也下降，主要表现在咖啡杯品时有青臭味、浓厚度不足等方面。

（3）咖啡园产量大小年明显。小粒种咖啡树在适宜的环境中，管理得当，能获得较高的产量，纯咖啡园在个别年份能表现出很高的产量，但产量不稳定，大小年现象明显。

（4）咖啡树病虫害相对严重。纯咖啡园生态结构单一，其天牛危害及褐斑病、炭疽病比复合咖啡园严重。因受到烈日暴晒，咖啡树枝枯病也相对严重。

（5）纯咖啡园生态系统因常年受到烈日暴晒，冬季容易遭受平流寒害，生态条件单一，抵御不良气候的能力弱，进而影响咖啡豆的产量和品质。纯咖啡园结构简单，鸟类较少栖息其中，益虫种类和数量均因生态条件改变和农药施用而减少。要解决纯咖啡园面临的生态环境脆弱问题，合理建设和发展复合咖啡园是使咖啡园达到丰产、稳产、优质、高效、低耗的有效途径之一，这在环境条件较为恶劣、自然灾害频繁的咖啡种植区尤为重要。

二、复合咖啡园生态系统

小粒种咖啡是来自热带雨林中下层的灌木，有喜静风、荫蔽或半荫蔽、湿润环境的习性。复合咖啡园生态系统就是用不同高度冠层和根系深浅的植物，组成上、中、下三层林冠及地被层的生态系统，组成“乔—灌—草”的群落栽培模式。

1. 复合咖啡园生态系统的特点

复合咖啡园生态系统实行“乔—灌—草”的群落栽培模式，可以充分利用光照、土地、养分、水分和能量，可增加咖啡园生态系统的生物多样性，维护生态平衡。

复合咖啡园生态系统因实行“乔—灌—草”的群落栽培模式，为鸟类及益虫提供了栖息地，使复合咖啡园内的环境条件得以改善。因有高大乔木的庇护，咖啡园中有较为稳定的温度、湿度，土壤含水量增加，在干旱季节可减少咖啡树受害程度。因为有上层乔木的阻隔，使复合咖啡园内的风速小于纯咖啡园。下层被草本植物覆盖，可减少雨水直接对咖啡园土壤的冲刷，减少土壤及土壤肥力的流失，提高其含水量。

2. 复合咖啡园咖啡树的表现

（1）顶端生长优势明显。由于上层有荫蔽树，光照减弱，咖啡树顶端生长优势随着荫蔽度的增加而增加，但荫蔽过度也会使咖啡树发生徒长现象。复合咖啡园咖啡树二、三分枝的抽生能力较纯咖啡园衰弱，其咖啡树的主要结果枝条为一分枝及部分二、三分枝。

（2）咖啡果发育成熟时间变长。复合咖啡园为咖啡树提供了相对凉爽、湿润的环境，为咖啡果实的形成提供了较好的条件，咖啡浆果的发育成熟时间变长，其果实颗粒大、籽粒饱满、内含物质充足、品质好。

（3）咖啡树抗逆性强，产量稳定。实践表明，实行“乔—灌—草”的群落栽培模式，可使咖啡树对咖啡病虫害及不良气候条件的抵抗能力都得到显著提高，咖啡树枯枝、干果比例下降，能够促进咖啡丰产、稳产。在20%、40%荫蔽度下生长的咖啡，其产量比无荫蔽的分别高29.2%和9.8%。但荫蔽过大（荫蔽度>50%），则会造成咖啡植株茎干徒长，花果稀少，产量低。

对于咖啡种植园的荫蔽问题一直存在不同观点。没有荫蔽，咖啡树枝叶茂盛，产量增加，但同时也易诱发病虫害、早衰、品质下降等不利后果。而在一定的荫蔽条件下，对小粒种咖啡的生长发育是有利的，咖啡不仅生长良好、产量稳定、颗粒大、籽粒饱满、品质好，而且叶色常绿，病虫害少。

三、咖啡园生态系统的调控

咖啡园生态系统的调控是对生态系统的结构和功能进行布局、改造，通过调整生物群落空间来实现对系统的调控。咖啡园合理的生态结构应该是保持生态的多样性，使其具有更高的经济效益、社会效益及生态效益。

1. 咖啡园生态系统模式的确定

合理的咖啡园生态系统模式，应结合咖啡树的生物学特性，有利于咖啡树的生长发育、抗逆性及咖啡产量和品质的提高。

（1）合理搭配生态位。作为以咖啡树为主体的生物群落，在新建咖啡园和改造咖啡园时，可在地上部分安排三层植被，即上、中、下层，实行“乔—灌—草”的群落栽培模式，上层有高大的乔木遮阴，中层灌木为咖啡树，下层有草本植物覆盖。通过合理布局上层结构，为咖啡树提供一定的荫蔽条件。但在布局时应注意避免荫蔽过度，光照不足，否则会使咖啡树徒长，产量下降，小粒种咖啡园的荫蔽度应控制在30%左右。地下部分应考虑所选择的上层乔木为深根性树种，咖啡树根系分布浅，这样可避免上层乔木与咖啡树争水争肥。

（2）合理选择咖啡园荫蔽树。上层树种没有固定的要求，以种类丰富为好，可增加咖啡园的生物多样性。一般宜选择常绿树种，因其在冬春季节不落叶，而落叶树种在咖啡浆果成熟期（9 月至翌年 2 月）不能为咖啡园提供荫蔽条件，使咖啡树干果、枯枝比例增加。咖啡园的荫蔽树应选深根、生长迅速、常绿、枝叶稀疏（如铁刀木、银合欢、海南黄花梨、南洋楹等豆科树种）、树冠大且易控制，木材坚韧，能抗风、抗旱、耐寒、抗病虫害且不是咖啡病虫害寄主的树种。不能选择对咖啡树生长不利的树种（如桉树、松树），因松树会使土壤变酸。

2. 常见的复合咖啡园栽培模式

（1）咖啡树与林木。每公顷咖啡园宜种植乔木150株左右，在这种复合咖啡园中，咖啡树是主要的经济作物，林木生长不会影响咖啡生产，更能使经济效益和生态效益得到统一。其主要树种有南洋楹、柚木、降香黄檀、千年桐、银合欢、辣木、银桦树等，最好选用高大的豆科乔木树种。

（2）咖啡树与果树。果树与咖啡间作，首先要清楚种植园的主体作物是咖啡还是果树。适合种植的主要是热带及亚热带果树，主要有澳洲坚果、荔枝、龙眼、波罗蜜、香蕉、芒果等。这些果树往往树冠较低、叶片密集，会对咖啡园形成过度荫蔽，种植时应注意密度和修剪。一部分果树根系分布浅，会与咖啡争水争肥，还有一部分果树是咖啡病虫害的主要来源，如荔枝树椿象危害严重，同样也会危害咖啡浆果，对咖啡豆的品质造成影响。若处理不当，这种间作模式会对咖啡的产量和品质造成一定的影响。

（3）咖啡树与橡胶树。咖啡树与橡胶树间作一直存在较大的争议。综合各方面效益，如果是以咖啡生产为主的，不建议在咖啡园内间作橡胶树，主要原因是橡胶树成林以后荫蔽度过大、冬季落叶及对水分的需求量过大等。

第3单元 咖啡育苗技能

咖啡树的繁殖方法主要有两种，即有性繁殖和无性繁殖。有性繁殖即采用种子繁殖，无性繁殖有嫁接、扦插及组织培养（快速繁殖、体细胞胚胎发生）等方法。小粒种咖啡为四倍体，是自花授粉植物，其遗传性状相对稳定，种子繁殖也能在一定程度上保持母本的优良特性，小粒种咖啡繁殖以种子繁殖为主。中粒种咖啡为异花授粉植物，种子繁殖后代变异性大，应采用无性繁殖。

模块一 咖啡制种技能

一、制种的流程

选种→采果→脱皮→脱胶→清洗→干燥→除杂。

二、制种的方法

1. 选种

（1）选良种。选择抗病、丰产、质优的咖啡品种进行制种。

（2）选择优良母树。在咖啡品种园内选择优良母树进行采种。优良母树的标准：结果树龄3年以上，高产稳产，株形好，无病虫害，抗性强的单株。

> **小知识**
>
> 咖啡锈病是小粒种咖啡的主要病害，是否抗锈病是选择咖啡品种的重要指标。

选种时必须选择完全成熟，果形正常，充实饱满，大小基本一致，具有两粒种子的果实。

2. 采果

以成熟中期的果实为宜，头批果和扫尾果不宜用于制种；选择正常成熟的红色果为制种果实，未成熟果、过熟果和干果不宜用于制种；要求果实大小正常，过大和过小的果实不宜制种。

> **小知识**
>
> 不同咖啡品种的鲜干比不同，种子的千粒重也有差异，每千克小粒种咖啡种子有4 000粒左右，可出有效苗木2 500～3 500株，10 kg鲜果可种植1公顷左右。

3. 脱皮

种果要求当天采摘当天脱皮，不能当天脱皮的应将种果放在清水池中保鲜。采用咖啡鲜果脱皮机脱皮，脱皮前应根据果实的大小调整脱皮齿轮间距，以减少机损豆。少量的也可采用人工脱皮。

4. 脱胶

采用自然发酵脱胶（少量的也可用草木灰和沙子混合种豆摩擦脱去果胶），不能采用机械脱胶（容易使胚芽受损）或化学脱胶。一般在气温20℃时发酵24 h即可，以种子不黏滑且有粗糙感、干燥后豆壳颜色洁白为宜。

5. 清洗

在清洗池内反复清洗，需要至少换3次水，以排出的水不浑浊为标准。清洗时利用水的浮力进行浮选，可清除漂浮在上层的不饱满咖啡豆。

6. 干燥

种豆要求在通风干燥的室内或荫凉处进行干燥，不能在太阳下暴晒，种子含水量达到12%~20%即可。随即播种的种豆表面水分晾干即可播种。

7. 除杂

种豆干燥后要进行除杂，要清除果皮、大象豆、破损豆、黑豆及杂物。要求正常种子的合格率达98%以上。

三、种子储藏

种子应随采随播，需要短时储藏的应将种子干燥至含水量为13%左右，可用通透性好的竹箩、麻袋等进行盛装，并放在通风干燥荫凉的仓库中储藏，储藏仓库和运输车辆不能混有化肥、农药等杂物。

提示

咖啡种子的储藏时间不宜超过3个月。

制作好的咖啡种子如立即播种，其发芽率可达到98%，且发芽时间较短。将种子阴干至含水量13%左右即可储藏，但咖啡种子储藏时间不宜过长，否则会使发芽率明显下降。保存1~3个月的种子其发芽率均可达100%，且出苗整齐；保存4~7个月的种子其发芽率会大幅度下降，最高的仅有29%，最低的（7个月）只有3%。可见，以保存3个月内的种子发芽率最高，保存3个月后种子发芽率大大降低，且在生产上已无使用价值。

模块二　咖啡播种催芽技能

一、咖啡播种催芽的流程

催芽苗圃准备→种子处理→播种→镇压→盖沙→盖草→盖膜→搭建拱棚→搭荫棚→移苗。

二、咖啡播种催芽技术要点

1. 催芽苗圃准备

（1）催芽场地的选择。应选择交通便利、水源充足、能排能灌、地势开阔、背风向阳的平坦地块建立催芽苗圃。此外，还应考虑就近育苗地。

（2）催芽床的准备。催芽床平地为南北走向，沙床面宽1.2 m，高 15 cm，长 10 m，沙床间距 50 cm，面积视播种量而定。催芽床的沙取自江（河）中洁净的中粗沙，沙里不能有杂物和大块石砾，以免造成弯根。中粗沙的透气性好且不会使催芽床表层起壳。将沙均匀地摊放在已做好的沙床上，铺实并整平。

> **小知识**
>
> 咖啡播种密度为0.5 ~ 0.7 kg/m^2，催芽床的面积应按照播种量来准备，播种不宜过稀或过密，过密容易传播病害。

2. 种子处理

播种前用清水或始温为 45℃ 的温水或者 1%硫酸铜液浸种24 h。浸种时可加溶液浓度为 0. 3%的硼砂，并对沙床和盖草用 1%硫酸铜进行喷洒消毒。

3. 播种

将经过处理的种子均匀地播撒在沙床上，以种子不重叠为原则；以每平方米沙床播种 0.5~0.7 kg 种子为宜。

> 小知识
>
> 当年育苗当年定植，播种时间应在12月至翌年1月，宜早不宜晚；培养隔年苗的，播种时间可推迟至3月前后。

4. 镇压

种子撒播好后，用木板将种子压入沙中，并保持沙床水平的平整状态。

5. 盖沙

种子播好后，将河沙盖在种子上，厚度为 1~2 cm，要求沙面平整均匀，不宜过厚或过薄。

6. 盖草

盖好沙后，用稻草或茅草将沙床进行覆盖，厚度为 3~5 cm，以不见沙床为宜。

7. 盖膜

在冬春季节播种的，盖草后还应盖膜保温、保湿。沙床盖草后，用水将沙床浇透，水分渗透深度需要达 15 cm 以上。要求用带有喷头的水管或喷壶进行浇水，以确保浇水均匀和不把种子冲出沙面。

8. 搭建拱棚

冬春季播种时，在沙床浇足水后随即搭建拱棚。用长约2.5 m、宽约 2 cm 的竹片作为拱棚支架，将竹片两头削尖后插入沙床两边，插入深度约 15 cm，形成高约 80 cm 的半圆弧形，每隔 1.5 m 安装一个拱棚支架。支架安装好后用透明塑料薄膜覆盖，并用土将四周封严。

9. 搭荫棚

咖啡种子播种后20天左右即开始萌发并露出根点，40~60天开始出土，当有10%幼苗出土时即可搭荫棚，要求搭高1.8~2.0 m、荫蔽度为80%的大荫棚。荫棚搭建好后，即可揭膜揭草。揭膜揭草时要仔细操作，以免损伤幼苗。图3—1所示为咖啡种子萌发示意图。

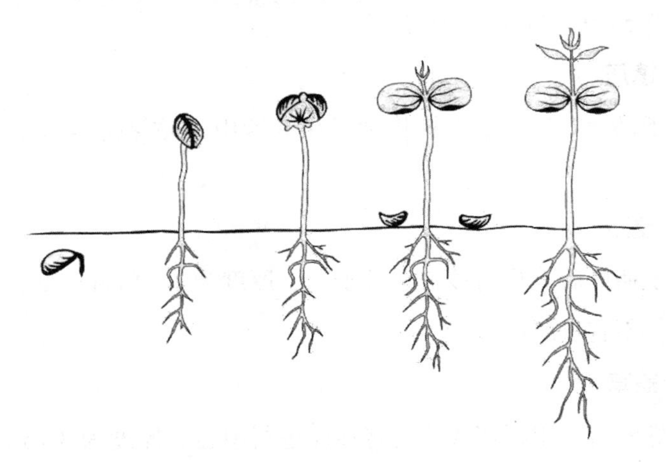

图3—1　咖啡种子萌发示意图

10. 移苗

当幼苗子叶展开并稳定后，在第一对真叶长出之前即可出圃，移入营养袋进行育苗。

三、催芽苗圃管理技术

1. 浇水

盖膜后每3天浇一次水，具体次数和间隔时间视沙床湿度而定，同时做好除草、防鼠（畜、禽）、防火等工作和催芽沙床苗圃的维护工作。

2. 防治病虫害

咖啡苗期的主要病虫害是立枯病，防治策略见第六单元。

模块三　咖啡营养袋育苗技能

一、咖啡营养袋育苗流程

苗圃准备→营养土配制→营养土装袋→搭荫棚→营养袋苗床浇水→取苗及保鲜→插苗上袋→浇定根水→苗圃地管理→苗木出圃及运输。

二、咖啡营养袋育苗技术要点

1. 苗圃准备

（1）苗圃地的选择。选择交通便利、水源充足、能排能灌、地势开阔、背风向阳的平坦地块作为苗圃地。此外，还应考虑有丰富的腐殖土和就近种植地等因素。

（2）苗圃地备耕。选择好地块后，要进行土地整理，将地块上的杂草、树根和石头等杂物清除干净，并平整土地，使地块呈水平状态；如为缓坡地则须开成水平台地，要求台面宽 2 m（可视地形而定）。地块要深翻 15 cm，耙细后按照宽 1.2 m、长 10 m、间距 40~50 cm 的规格规划出苗床。

（3）营养袋准备。当年育苗当年定植，采用 15 cm×20 cm 的塑料袋；预留补换植苗木，可采用 25 cm×30 cm 的塑料袋。

2. 营养土配制

营养土采用疏松表土、腐熟有机肥、磷肥，按 70∶28∶2 的比例配制，营养土要混合均匀。表土以壤土为宜，不宜选用黏土和沙土。表土原则上就地取材，如苗圃没有符合要求的表土时则从别处调运。表土要求细碎，用孔径 1 cm 的铁网筛筛土，粗土可留作围苗床之用。

3. 营养土装袋

装袋前要先将苗圃地按宽 1. 2 m、长 10 m、间距 40~50 cm 的规格拉线划出苗床再进行装袋。装袋工具可用直径 10 cm 的竹筒或聚氯乙烯管制成，将其锯成长30 cm，并将其一头锯成 30°的斜口。营养袋的营养土要装满，松紧度适中，并且要摆正，使其处于直立状态，营养袋切忌倾斜。摆放时，苗床内每排之间的营养袋要扣缝排列整齐，尽量减少缝隙。

4. 搭荫棚

棚高 1. 8~2. 0 m，棚顶采用遮阳网，遮阳网的遮荫度要求达到 80%，可分区或将整个苗圃连片搭成。

5. 营养袋苗床浇水

在插苗之前 2~3 天必须保证营养袋土壤潮湿，如果土壤湿度不足时，要在插苗的前一天将营养袋苗床浇透水。

6. 取苗及保鲜

当幼苗子叶种壳脱落至子叶平展即可移苗。将沙床淋透水后再进行起苗，起苗时要用拇指和食指轻轻地捏住幼苗茎干基部向上拔起，并将幼苗放在水深 5 cm 的塑料盆等容器

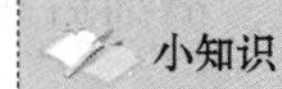

小知识

苗木移栽应在阴天和晴天的早、晚进行，晴天中午不宜进行移栽，否则容易造成苗木失水死亡。

内保鲜。远距离运输幼苗时需要将幼苗放在泡沫箱内进行保鲜和运输，幼苗要求当天送达，且时间越短越好。

7. 插苗上袋

插苗工具由长30 cm、直径约2 cm削尖的小木棍或竹片制成。首先将木棍插入营养袋中心，形成深约7 cm、口径约2 cm的锥形插苗孔，将幼苗根部放入插苗孔中，根部入土深度离根颈处1 cm，然后用木棍将根部营养土挤实。主根长度为5 cm左右，过长易形成弯根，过短则不利于幼苗的恢复生长。

8. 浇定根水

幼苗插好后，要浇足定根水。用水管浇水时压力不能过大，否则会将营养土冲出来，造成幼苗根部裸露。

三、苗圃地管理

1. 补苗

移苗后15天内及时补齐缺株，要求达到苗全、苗齐。

2. 淋水

移苗后一周内每天浇水一次，以保持土壤湿润为宜，此后每3天浇水一次（具体视旱情而定）。浇水时间宜在上午11时前和下午4时后进行。浇水方式以自动或半自动喷灌为佳，采用人工浇灌费工费时且难以操作。

3. 除草

及时拔除苗床的杂草，保持苗床干净整洁，不能用除草剂除草。

4. 施肥

苗木移栽一个月后，应对其进行追肥，施入稀薄沼气水或者叶面肥。幼苗长出1对真叶后施水肥，用1∶5腐熟人粪尿兑清水或绿肥沤成的肥水或1%浓度的尿素水喷施。以后每个月追肥一次。出圃前施3~5 g复合肥（N∶P∶K=15∶15∶15）。

5. 防治病虫害

咖啡苗在生长期的病害主要有细菌性叶斑病，秋冬季节主要有炭疽病、褐斑病等，可用广谱杀菌剂进行喷雾防治。害虫主要有绿蚧等。此外，还要做好防鼠（畜、禽）等工作。

四、苗木出圃及运输

1. 炼苗

在苗木出圃前1个月要逐步调整遮荫度，由80%逐步下调至30%，这样可防止发生日灼病，提高成活率。

2. 运输

提示

咖啡苗木出圃的标准。当年苗：株高12 cm以上，5对真叶以上，茎基部已木质化。隔年苗：株高15~30 cm，6对真叶以上，无分枝的苗木为宜。

从苗圃到定植地一般都有一段距离，因此须小心搬运以减少苗木损伤和浪费。做到就地育苗就地定植，当天取当天定植完；远距离运苗和装卸苗木要小心，尽量减少损伤，苗木运到后要及时种植，如需要放置一段时间则应将苗木摆放整齐并将其放直，适当搭荫蔽物和适量浇水。

五、咖啡种苗的质量标准

1. 种子苗

品种纯正，苗木健壮，叶色正常，无病虫危害，无明显机械性损伤。出圃时营养袋完好，营养土完整不松散。无检疫性病虫害。

2. 种子苗质量

咖啡种子苗分为当年苗、隔年苗两种类型，种苗质量应符合表3—1的规定。

表3—1　　咖啡种子苗质量分级指标

项目	当年苗（苗龄6~8个月）	隔年苗（苗龄12~18个月）
品种纯度（%）	95	95
种苗高度（cm）	≥15	15~30
茎粗（cm）	≥0.3	≥0.5
叶片数（对）	≥5	≥6
分枝数（对）	无	≤2
弯根苗（%）	≤10	≤15
根系	主根直生，不弯曲，不卷曲；侧根根系发达，均匀、舒展且布满根毛；无病虫害，不烂根	

链接

常见咖啡苗木释义

1. 当年苗，指咖啡种子从播种到出圃，苗木培育时间不超过1年，一般当年苗的苗木培育时间为6~8个月。

2. 隔年苗，指咖啡种子从播种到出圃，苗木培育时间超过1年。

3. 高脚苗，指苗木在苗圃时间较长，苗木瘦高，分枝部位较高，达30 cm以上的苗木。高脚苗不耐强光，生长衰弱。

4. 弯根苗，指主根弯曲、卷曲的苗木，弯曲度（主根弯曲程度或偏离垂直方向的倾斜度）超过90°的苗。弯根苗对咖啡树的主根发育不利，由于根系浅，在干旱地方定植后冬春季节容易死亡，地上部分发育不良，产量低，产果后容易枯死。

模块四　咖啡树扦插繁殖技能

一、咖啡树扦插繁殖流程

插条的增殖→插床的准备→扦插材料的准备→扦插→插床的管理→生根插条的移植。

小知识

咖啡树扦插属于无性繁殖，无性繁殖的方法可用在小粒种咖啡杂交F1代或中粒种咖啡的繁殖。咖啡无性繁殖还可以采取嫁接、组织培养（快速繁殖、体细胞胚胎发生）等方法。

二、咖啡树扦插繁殖技术要点

1. 插条的增殖

咖啡扦插材料用直生枝，不能用一分枝，因为一分枝扦插后长成的新枝只能匍匐生长，不能长成直生的咖啡树。扦插的时间一般在4—10月容易成活。

（1）增殖苗圃的建立。咖啡无性繁殖需要大量的直生枝和芽片作为扦插和芽接用的材料，为了加快繁殖速度，需要建立增殖苗圃。增殖苗圃应适当密植，株行距为1 m×1 m，种植密度为666株/亩，按不同的无性系分行种植。

（2）插穗增殖。插穗增殖就是快速培养大量的直生枝作为扦插的材料。

1）切干诱发直生枝（见图3—2）。

2）拉弯主干，可促使咖啡下芽萌发，形成大量直生枝（见图3—3）。

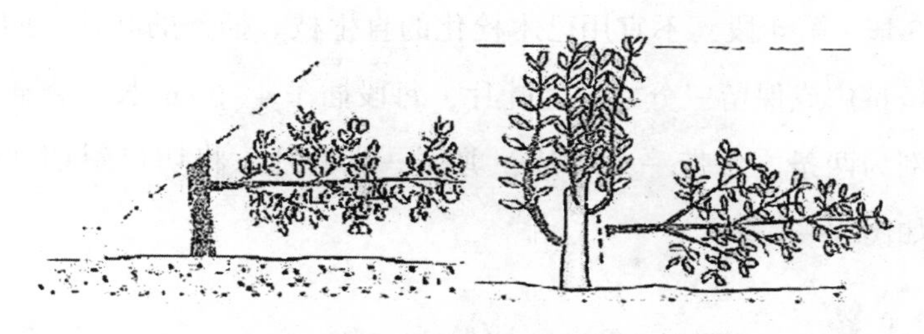

图 3—2　切干诱发直生枝示意图

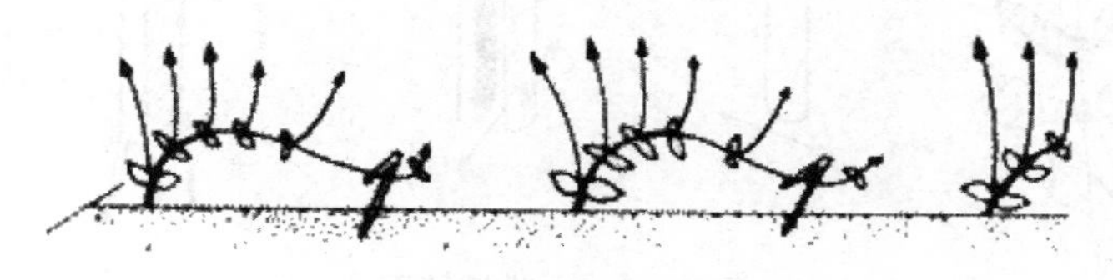

图 3—3　拉弯主干示意图

2. 插床的准备

插床一般采用沙床，厚度为 40~50 cm，下部用粗沙，上部用中等细沙，插床要有 80%~90%的荫蔽度。图 3—4 所示为咖啡扦插苗床示意图。

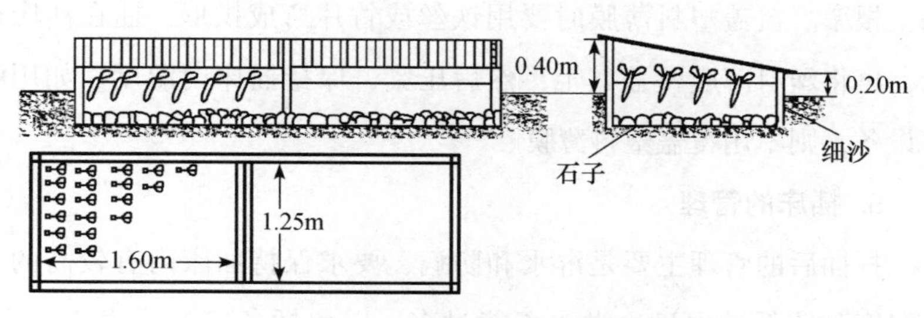

图 3—4　咖啡扦插苗床示意图

3. 扦插材料的准备

插条要用绿色未木栓化、叶片已充分老熟、健壮的直生顶芽下的第3段~第4段，不宜用已木栓化的直生枝。插条的叶片留四指宽（6~8 cm）或保留三分之一的叶片，每段插条4~6 cm长，将插条从中间剖为两条，各带一个叶片，剪去一半叶片，将切口斜切并削光滑，如图3—5所示。

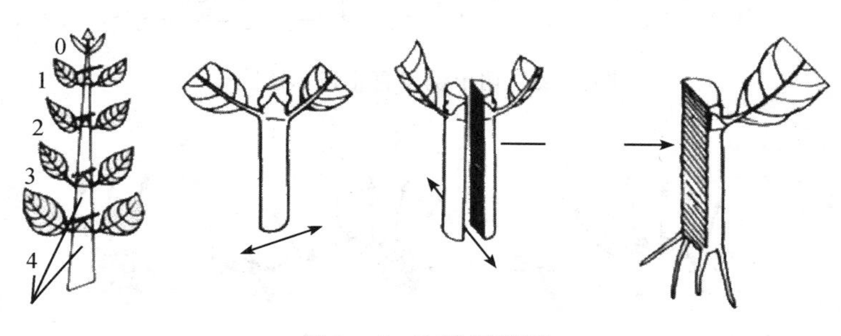

图3—5　咖啡插穗图

4. 扦插

插条斜插或直插均可，扦插深度以埋到叶节处为度。15 cm一行，以叶片互相不遮蔽为标准。插后充分淋水，使插条与沙紧密接触。扦插后，要在插床上覆盖塑料薄膜，以减少水分蒸发，提高插条生根率。覆盖塑料薄膜时要用铁丝或竹片弯成拱形，插在沙床边缘，再将塑料薄膜覆盖其上，然后压紧，保持插床内湿度。如用喷雾设备，则不用覆盖塑料薄膜。

5. 插床的管理

扦插后的管理主要是淋水和防病，要求保持插床内有较高的空气湿度和较低的温度。淋水不能过多，以免插条腐烂或发生病害。为了防止病害发生，扦插后可喷1∶1 000的多菌灵，以后如有病害发生，可再喷1~2次。

6. 生根插条的移植

插条扦插后约 60 天新根长至 4 cm，此时移苗虽比较方便，但是最好是在插条根系长出第二轮侧根时移植（插后约 90 天），这时移植成活率高。移苗时应细心操作，因为插条的根系脆嫩易断。

未发根的插条继续插在沙床内，待发根后再次移苗，移苗后或装袋的扦插苗的管理与种子苗相同，在苗圃中培育至 5~7 对叶片时，便会长出第一对分枝，此时可出圃定植。

链接

咖啡也可以进行嫁接

1. 芽接。用一年生的幼苗，将茎基部的泥土擦净，然后开一长2.5 ~ 3.5 cm的芽接位，从优良母树或增殖苗圃中选取发育饱满的节，削取带有少量木质部的芽片，放入芽接位，用捆绑带扎紧，20天后将芽点打开，30天左右开芽接口已愈合，全部解绑，5天后成活的苗木即可剪去上部砧木，不成活的重新进行芽接。

2. 劈接法。用一年生的幼苗作砧木，劈接时，在砧木离地10 ~ 15 cm处将其剪断，在剪口中间垂直切下5 cm长的切口，选用与砧木大小一致的直生枝，于节下4 cm处削断，将接穗基部削成楔形，插入砧木切口处，注意对正形成层，用捆绑带扎紧。为了提高成活率，可用捆绑带将接穗包好，20天左右撕开芽点部位绑带使芽点露出，30天左右开芽接口已愈合，全部解绑。

第4单元 咖啡种植园的建立

模块一　咖啡种植园的选择与规划

咖啡种植园地要根据咖啡对生态环境条件的要求和种植生态适宜区的划分指标进行选择。海拔较高、温度较低的地方宜种植小粒种咖啡，而海拔较低、温度较高的地方宜种植中粒种咖啡。云南、广东、广西、福建等省区，宜选择温度较高、冬季无寒害的地方种植小粒种咖啡。

一、宜林地的选择

1. 宜林地选择的条件

选择适宜咖啡生长发育的地块种植咖啡是保证咖啡种植成功的关键，咖啡种植地的选择应符合表4—1咖啡树生长发育的自然条件指标。

2. 宜林地选择的方法

（1）调查气象条件。通过查阅有关气象文献资料，走访气象部门、农林业部门和当地干部群众，以掌握当地的气候条件，特别要重点调查和了解当地冬季的低温状况。通过气象条件的调查，并与

表 4—1　　　咖啡树生长发育的自然条件指标

自然条件	小粒种咖啡	中粒种咖啡
温度	平均温度 19~21℃，冬暖夏凉，不见霜且无冰雹	平均温度 23~25℃，全年无霜
降水	年降雨量 1 200~1 700 mm	年降雨量 800 mm 以上
土壤	土壤疏松肥沃、土层深厚、排水良好的壤土；土层深度不小于60 cm，pH 值为 5.5~6.5	
地形地势	小粒种海拔 1 200 m 以下，中粒种海拔 900 m 以下；坡度不宜超过 25°，坡度大于 5°时要开垦梯地种植	
风	咖啡为浅根系植物，不耐强风，台风、干热风对咖啡生长发育有重要的影响	

咖啡对气象条件的要求进行对比分析，做出气象条件适宜性判断。凡冬季会出现寒害、霜害和冻害的地块都不宜选用。

（2）观测地形条件。在选择宜植地时，海拔是一个重要的参考指标。利用海拔仪、GPS（Global Positioning System，全球定位系统）等仪器设备对地块的海拔进行实地测量，确定其是否符合小粒种咖啡对海拔的要求，一般海拔每升高 100 m，气温就会下降 0.65℃，通过计算即可了解温度条件，还要冬季不能有低温寒害。同时测量坡度和坡向。

（3）土壤分析。在土地位置确定后，按土壤取样要求，对土壤取样并送当地有资质的化验室进行土壤分析，根据结果判断其是否适合咖啡种植。

二、种植园的规划设计

咖啡种植园的规划设计包括小区划分、道路规划、水利设施规划、防风薪炭林规划等。

1. 划分咖啡种植小区

按山头和坡向划分，阴、阳面一定要分别划分出小区，一般 25~30 亩（1 亩 = 666.7 m^2）为一个小区。

2. 园区道路规划

咖啡园的道路设置应与小区相配合，分为园区主干道、园区生产路和步行道。

（1）园区主干道。脱皮加工厂（场部）至居民点、咖啡园主要道路，路基宽一般 3~4 m，路面宽 3 m，纵坡<8%，弯道半径>15 m。

（2）园区生产路。园内作业与运输道路，连接田间道路，一般路面宽 2 m，纵坡>10%，弯道半径<10 m。

（3）步行道。园中步行道路，山丘坡地在梯地间设置“之”字形道路，路面宽 1 m 左右。

3. 水利设施的规划建设

在园内适当位置建造若干个水窖、水肥池，以便喷肥、打药用水。

（1）水窖建设的数量。以小区为单位，每个小区 1~2 公顷咖啡园，建造 3 个 12 m^3 的小水窖或水池，可满足园地农用水的需要。

> **提示**
>
> 雨季来临前，要对蓄水池逐个进行检修，发现破损，应及时修补，并清理缓冲池及进水口的淤泥、杂草和乱石，疏通地表径流通路，水窖需要加盖。

（2）水窖建设的位置。在种植园区选择有一定集水面积，能产生一定地表径流的地方建造水窖。

（3）规格。开挖深 3 m，直径2.5 m，上口直径 0.8 m，向下挖

0.6 m，后逐渐向两边拓宽至2.5 m，下底宽1.0 m，将池壁及底部铲平，或者使用钢模进行建造。做成大肚酒瓶状（见图4—1），用混凝土浇灌池壁和底部。在地表径流来水的方向齐地面砌起一个喇叭口形状的进水口，在距离水口50 cm处，挖一个长、宽各50 cm，深60 cm的缓冲沉淀池。

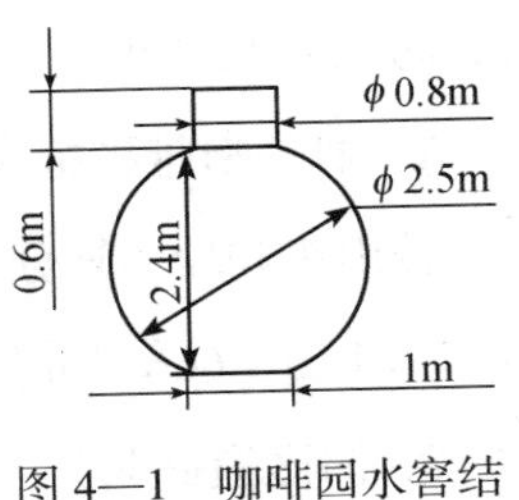

图4—1　咖啡园水窖结构示意图

4. 防风薪炭林规划

在山头、沟壑和坡度比较陡的地方保留部分树木或人工栽种部分树木作防风薪炭林。在干道、支道和排水沟两侧，营造由1~2行树木组成的防风林。树种采用西南桦、铁刀木、青冈栎等。株距为2~6 m。

模块二　咖啡树种植园的开垦

咖啡林地的开垦是在搞好咖啡园地规划的基础上进行的，是咖啡园基本建设中极其重要的环节。咖啡林地开垦质量的好坏，会直接影响咖啡树的生长、产量，会长期影响咖啡园水土保持的状况，关系到劳动力和资金等投入的成本。因此，在咖啡林地开垦之前应制订周密的施工计划，既要坚持质量标准，又要减少工耗和投资，还应抢在定植季节之前完成。咖啡种植区多为丘陵山地，雨量集中，病、寒害易发生，故在开垦时要认真搞好水土保持，严格控制株行距，充分合理地利用土地，彻底清除根病病原和寄主，确保开垦质量，给咖啡树生长创造适宜的环境。

一、开垦时间

开垦时间为每年 10 月至翌年 4 月。

二、咖啡园开垦的程序和方法

1. 开垦的程序

清园→修筑水平梯地→挖定植沟、留表土→回表土、施基肥→确定种植密度。

2. 开垦的技术要点

（1）清园。雨季结束后至翌年 2 月，清除园内高草灌丛，以利于开沟筑台。保留防风薪炭林、水源林，选留园中速生、抗性强、适应性广、非咖啡病虫害寄主的散生独立树作为荫蔽树。

（2）修筑水平梯地。坡地开垦要尽量使每一条种植带都沿等高线修建。避免出现断行、插行，以保证梯田和环山行的质量，充分利用土地，合理安排咖啡树种植位置。5°以下平缓园地采用“十字”定标；5°以上坡地修筑等高梯地，梯地面宽 1.8~2.0 m，内倾 3°~5°。

（3）挖定植沟、留表土。自上而下开挖定植沟，规格为口宽 60 cm、深 50 cm、底宽 40 cm，表土和底土分开堆放，开沟作业在雨季前结束。

（4）回表土、施基肥。一般每株施农家肥 3~5 kg、磷肥 0.1~0.2 kg。在雨季来临前，将有机肥、磷肥与表土拌匀回填到定植沟内，回填后沟面应高于台面 15 cm 以上。

（5）确定种植密度。依据品种特征特性和地貌条件合理密植。株行距（1~1.2）m×2 m，每亩植 280~330 株。山头及山脊地块适当密植。

链接

开垦的质量要求

1. 尽量保留和充分利用表土，为新植咖啡树和其他作物创造良好的土壤环境。

2. 将地面树头、树根、石块等障碍物以及杂草、杂木等清除干净，为今后的咖啡园管理、耕作创造有利条件。

3. 坡地的水土保持工程，梯田或环山行等的等高水平、宽度、内倾斜角度必须符合标准。

4. 按规划设计要求，布置林间小道、排水系统及防护设施等，严格控制种植咖啡树的株行距和密度，充分利用土地，并按规定大小挖好定植穴，施足基肥，为咖啡幼苗的生长创造良好条件。

5. 保留有利用价值的杂树、杂木，并加以处理利用。

6. 全部开垦作业应在咖啡树苗定植前1～2个月完成。

7. 有条件的应尽量选留一些荫蔽树，每亩选留10～15株荫蔽树，荫蔽度在20%～30%较为适宜。山顶、山脊适宜种植咖啡的地块，应尽可能地保护好原生植被不受破坏。

模块三　咖啡苗木定植技术

定植是将咖啡苗从苗圃移栽到大田的一项作业，是直接关系到咖啡树的成活、生长以及整齐度的关键性工作。它涉及的内容主要是选择适宜的定植季节，掌握定植技术和植后的初期管理。

一、定植时间和天气

适宜的定植时间，应是既能达到最高定植成活率，又可使苗木在冬季到来之前有较大的生长量，为安全越冬和速生打下基础。因此，应该利用有利的气候条件或积极创造条件，争取及早定植。

1. 抗旱定植

有灌溉条件的地块，可在温度回升后的 2—4 月进行抗旱定植，春季抗旱定植，当年生长期长，生长量大，能促使咖啡树提前开花结果。特别是咖啡隔年苗尤其适宜抗旱定植，在正常情况下第二年即有少量结果。

2. 雨季定植

云南咖啡种植区多数无灌溉条件，可在 6—7 月定植，但定植不宜超过 8 月中旬，定植时间过晚则咖啡树当年生长量很小，根系不发达，对低温和干旱的抵抗力较差，容易在冬春干旱季节造成苗木死亡。

定植除选择有利季节外，还要密切注意定植时的天气，最好是在阴天或毛毛雨天土壤湿润时定植。如晴天定植宜在上午 11 时前和下午 4 时后进行，并淋足定根水。烈日下、大雨天、大风天不宜定植。

二、主要工作流程

选苗→苗木处理→运输→挖定植穴、施基肥→定植→查苗补缺→建立园地档案。

三、各流程工作要点

1. 选苗

选择品种纯正，苗木健壮，叶色浓绿，经过 1 个月以上炼苗时间的优质苗木；当年苗株高 10~15 cm，真叶 4~5 对；隔年苗株高不超过 30 cm，真叶 6~8 对，以无分枝为宜。

2. 苗木处理

为了运输方便，在取苗前一周内不能浇水，并在取苗前将不纯正的劣质苗木清除干净，防止劣质苗木混入大田中定植；取苗前一周用杀虫剂混合杀菌剂喷雾，预防病虫害，防止病虫传入大田，可以降低防治成本。

3. 运输

搬运应以减少苗木损伤和浪费为原则。就地育苗，当天取当天定植完；远距离运送苗木时，卸苗后要将苗整齐直立地摆放，并适当搭荫蔽物和适量浇水，同时及早定植。

4. 挖定植穴、施基肥

在种植沟的中心位置，按 0. 8~1. 2 m 的株距挖穴，穴的深度应与营养袋的高度一致。每穴放 0. 5~1 kg 发酵过的农家肥和 100 g 磷肥，并与表土均匀混合。

5. 定植

定植前用利刀切去营养袋底部 1~3 cm，再垂直划破营养袋，最后拆除塑料袋，但营养土要保留完好。将苗放入种植穴中央，定植高度是营养袋口的土面与台面齐平，逐层回土压实。回土时不能损坏营养袋土。

6. 查苗补缺

定植一周后需要逐行检查，对死苗应及时用同龄同类苗进行补植，以保证咖啡园齐苗、全苗，确保有效株数。

7. 建立园地档案

建立园地档案，记录种植面积、品种、株数、定植时间、管理措施、管理人员、产量、病虫害及自然灾害等。

有条件的咖啡园还可采用覆盖技术，覆盖材料有植物秸秆或塑料薄膜，起到保水、保温和抑制杂草的作用，用植物秸秆覆盖还可以增加土壤有机质，对咖啡生长有利。

模块四　咖啡园植被的建立与管理

一、咖啡园荫蔽树的种植方法

荫蔽树宜在雨季（5—7 月）种植，可在新咖啡园的行间或台埂种植，永久荫蔽树每公顷可种 150 株左右，临时荫蔽树株距 0.2～1.0 m。老旧咖啡园可在阳坡、山顶、山脊、路边和无水灌溉地补种永久荫蔽树，阳坡可适当增加种植密度。如图 4—2 所示为咖啡园荫蔽树布局示意图。

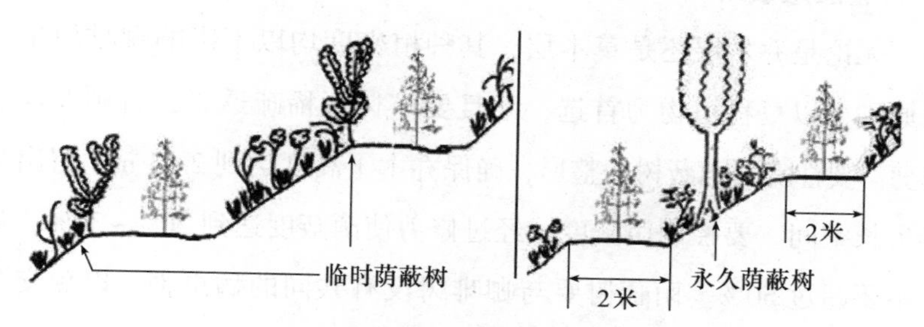

图 4—2　咖啡园荫蔽树布局示意图

二、咖啡园荫蔽树的管理

咖啡园内的荫蔽树，在雨季开始前进行修剪或疏枝以便透光，树高 2.5 m 时打顶，以保持冠幅面大而稀疏。剪下的枝叶均可作覆盖材料，也可在咖啡株间挖 30 cm 深的沟压青。

1. 山毛豆、猪屎豆类

山毛豆的花期为 11—12 月，根能固氮。当树长至 60 cm 高时，选留 1 个主干，修剪其余的枝干，培养单一主干为永久荫蔽树。当树高 2.5 m 时打顶，以增加冠幅。猪屎豆春天开花，根能固氮。雨季植株高 1.4 m 时，距地 50 cm 留 1 个枝条，其余修剪掉，剪口应平滑，剪下的枝叶用于死覆盖或压青。旱季不修剪，3 年后需要重新补植。

2. 南洋楹、辣木、波罗蜜、澳洲坚果类

南洋楹的花期为 7—8 月，根能固氮，喜暖热多雨气候。苗高约 30 cm 时定植。南洋楹树高 2.5 m 时打顶，以增加冠幅，南洋楹是一种较好的永久性荫蔽树。

3. 注意事项

无论是乔木层还是草本层，其种植密度均以不影响咖啡树生长为原则。以豆科植物为首选，并且要求树冠稀疏透光，否则要注意修剪。要注意对荫蔽树的整形，确保乔木干高度达到 2~3 m，留出咖啡生长空间。要控制荫蔽度，经过修剪使荫蔽度达到 20%~30%，最多不要超过 50%。荫蔽树要与咖啡树没有共同的病虫害，以免交叉感染。

链接

咖啡园荫蔽树的作用

1. 改善咖啡园小气候

在干热季节，荫蔽树能够降低咖啡园的气温和地温，提高相对湿度，使咖啡树的生长环境和气候得到改善，减少强光对咖啡树的伤害，提高咖啡树的光合作用能力。在冬季，荫蔽树对下层空间以及地面具有增温效应，形成咖啡树避寒小环境，可减轻冬季寒害的发生。提高土壤含水量，起到抗旱和保湿作用，防止或减少水土流失。抑制杂草生长。土壤不见阳光，就不会长出杂草。

2. 降低枯枝或干果率

咖啡树枯枝干果与缺钾生理失调、植物长势衰弱导致褐斑病菌侵染和不抗日灼等因素有关。咖啡树开花结果的自控性差，只要条件适宜，即使长势弱也能大量开花坐果，造成枯枝干果甚至死亡，这是对植株造成较大损伤的原因之一。适当荫蔽可以提高咖啡树的钾素含量，并合理控制开花结果量，消除大小年现象，从而大大降低枯枝或干果率，提高商品咖啡豆的质量，延长咖啡树的寿命。

3. 有效抑制病害虫害

咖啡旋皮天牛、咖啡灭字虎天牛、咖啡黄天牛、炭疽病、褐斑病等是危害咖啡树的主要病虫害，在荫蔽条件下由于咖啡的营养生长与生殖生长比较协调，不易出现枯枝落叶，加上园内环境湿润，对天牛类害虫、炭疽病、褐斑病等病虫害具有一定的抑制作用。

第5单元 咖啡园管理技能

模块一　咖啡园耕作及除草技能

一、咖啡园耕作技术

咖啡园耕作是采取各种措施合理调节土壤中水、肥、气、热等之间的关系，以改善土壤环境，充分发挥土地的增产潜力，满足咖啡对土壤营养的需求，使咖啡树持续丰产从而提高经济效益。

1. 修筑梯田

咖啡种植地多为丘陵山地，因此，保持水土就成为咖啡园管理的重要措施。修筑梯田可截断径流面，减弱水力冲刷，梯田面可截水滞流，使雨水浸入土层，增加土层水分储量，既保水，又因水肥协调而利于咖啡生长。要求5°以上的坡地修筑等高梯田，梯田面宽1.5~2 m可种一行咖啡；5°以下缓坡地筑2.5 m以上大梯田，种2~3行咖啡，梯田内倾3°~5°，外筑田埂，以保持水土及保肥。修筑完成的梯田可起到“三保一护”的作用，即保水、保土、保肥、护苗。

2. 深翻改土

（1）深翻熟化。深翻熟化的土壤对咖啡树的生长有明显的促进作用，深翻土壤可使土壤熟化，提高咖啡的产量和质量，主要措施是扩穴改土和深耕。在一般土壤条件下，深翻改土后，侧根生长量比不深翻的多3~4倍，地上部分生长量也可增加三分之一。深翻改土可以改善土壤理化性状，增加土壤养分和水分，提高保水能力和促进微生物活动，从而形成良好的土壤条件，促使根系向深处生长，使根量特别是深层根量明显增多。由于深翻改土，植株吸收营养面积增大，促进了咖啡的生长和结果量。由于咖啡根系在土层50 cm以下，除主根外，基本无侧根、须根，因此，深翻改土以30~40 cm深为宜。在坡度较大的丘陵地，对深翻改土要采取慎重态度，不宜过多地翻动土层，以免雨季造成滑坡。深翻改土宜在定植的两年内完成。深翻工作一般结合中耕除草、压青和施肥同步进行，雨季结束要求中耕松土一次，以达到保水、保温和增强抗旱能力。

（2）幼树的扩穴改土。详细内容见本单元模块二“六、土壤管理”中的相关内容。

（3）成年咖啡园的深耕。详细内容见本单元模块二“六、土壤管理”中的相关内容。

3. 土壤改良

详细内容见本单元模块二“六、土壤管理”中的相关内容。

二、杂草的管理

1. 人工割除

咖啡园保护带上的草不必连根铲除，应保留咖啡园护坡上原有的绿草，可在7月杂草种子没有成熟时割一次，9月中旬再割一次，其间如果台面草深以致影响咖啡生长或施肥时，进行浅耕，深度3～8 cm。对咖啡园除草剂的使用，国内外的观点尚存在分歧，因此，应因地制宜地谨慎使用。

2. 中耕除草

为免除杂草对水肥的竞争而影响咖啡生长，保持咖啡园土壤疏松、通气良好，应适时进行中耕除草。除草可结合浅中耕同时进行，除草时间和次数应根据天气、灌溉和杂草生长情况而定。一般在雨后（或灌溉后）土壤发白时进行，以减少土壤水分的蒸发。

三、咖啡园地面覆盖

地面覆盖分为活覆盖和死覆盖两种。

1. 活覆盖

咖啡园可用活体植物进行覆盖，活体植物要定期修剪，以豆科作物为主，如地花生等能固氮的豆科植物是较好的活覆盖材料。覆盖有利于改善肥力和水土保持。但由于咖啡树的根系分布较浅，活覆盖常常产生水肥竞争而影响咖啡的生长和产量，因此要选择适宜的对象。在肥料缺乏的地区，为提供绿肥改土，在咖啡幼龄期可种植活覆盖。以距咖啡树50 cm以外的行间种植为宜，并注意对绿肥作物的管理。

2. 死覆盖

死覆盖主要是覆盖草或塑料膜。咖啡树是喜湿的浅根作物，清除的杂草、易腐烂的作物茎秆和枝叶均适宜作死覆盖（压青）。上层有荫蔽，地表有覆盖，营造出咖啡树良好的生长环境。死覆盖材料既不与咖啡树发生水肥竞争，又可使土壤保持温度，还可减少土壤水分蒸发从而保持土壤水分。死覆盖能够促进土壤微生物的活动。杂草腐烂后成为土壤有机质，又可改善土壤理化性状并提高土壤肥力，有利于咖啡根系生长发育和吸收养分，促进咖啡生长和增产。同时，采用死覆盖还可抑制杂草的生长。

死覆盖的方法：距咖啡树主干 10 cm 外的台面进行环状或带状覆盖，覆盖物宜选用容易腐烂的植物，覆盖厚度为 10 cm。如覆盖材料较多，冠幅下的所有空地均可长年进行死覆盖。旱季覆盖物易燃，要注意防火。

模块二　咖啡树合理施肥及土壤管理技能

一、施肥的原则

1. 以有机肥为主，化学肥料为辅。根据咖啡园土壤供肥特性、咖啡叶片营养诊断、咖啡产量制定施肥量。可采用养分平衡施肥和营养诊断施肥法。

2. 幼树以氮、磷为主；投产树以氮、钾为主，适当配施磷和其他微量元素。

二、营养元素与咖啡树生长发育的关系

1. 咖啡必需的营养元素

咖啡是多年生热带作物，植株可全年生长发育，新梢生长量大，结果枝年年更新。果实生长发育的时间较长，从开花到果实成熟需

要8~12 个月，需要消耗大量养分，若养分供应不足，易导致咖啡果实饱满度差，植株枯梢和早衰，因此，咖啡植株正常生长需要有充足的养分供应。咖啡必需的营养元素有 16 种，它们是碳、氢、氧、氮、磷、钾、钙、镁、硫、铁、硼、锰、铜、锌、钼、氯。其中碳和氧来自空气中的二氧化碳；氢和氧可来自水，而其他必需的营养元素几乎全部来自土壤。由此可见，土壤不仅是咖啡植株生长的介质，也是其所需矿质养分的主要供给者。实践证明，咖啡产量水平常常受土壤肥力状况的影响，尤其是土壤中有效态养分的含量对咖啡产量的影响更为显著。

2. 营养功能与咖啡树生长发育

供肥不足，咖啡树容易得病，导致叶黄枝枯，干果和早衰。过量施肥或施肥方法不当，不仅会造成浪费，而且还可能导致咖啡树的损伤或死亡。主要营养元素的生理功能及缺素表现见表 5—1。

表 5—1　　主要营养元素的生理功能及缺素表现

元素	生理功能	缺素表现
氮	构成蛋白质，促成新叶和新枝的生长	生长不良，新叶变小、褪绿，严重时老叶变黄、脱落，随后枯死
磷	供给植物生长所需能量，促成根系、木质部和花芽的生长	根系发育不良，老叶呈现不规则黄斑，严重时变为红褐色，然后脱落。产量和品质下降
钾	促进光合作用、水分控制以及对各种物质的传递及果实的形成	老叶叶尖和叶缘出现枯死或灼斑，落叶多。品质下降
钙	促进花、顶芽和根系的生成	根系发育不良，顶端生长点坏死，嫩叶叶缘变为青铜色，叶片变脆

续表

元素	生理功能	缺素表现
镁	叶绿素的组成物，使酶活化	初期老叶叶缘局部开始褪绿，后期叶片叶脉间变黄，呈粗糙的鱼骨形，叶片脱落
铁	有助于形成叶绿素，使酶活化	新叶褪绿、变黄，叶片大小不变
锌	使酶活化	新生长的组织短小，节间变短，新叶小而窄
硼	有助于蛋白质的合成，各成分的相互转换及激素的生成	新生组织遭到破坏，抽梢困难，末端枝条枯死，嫩叶畸形
硫	蛋白质的组成	叶片大小不变，普遍褪绿，类似缺氮症状

三、施肥种类和施肥量的确定

合理施肥可以提高咖啡产量，改善咖啡品质，节省劳力，节支增收，因此要做到对咖啡树的科学合理施肥。合理施肥是提高咖啡豆产量和品质不可或缺的手段，做到“缺什么补什么，吃饱不浪费”，也就是进行配方施肥，避免肥料投入不足或施用过量，从而保证咖啡植株营养的平衡。合理施肥主要应把握好施肥种类和施肥量的确定（施什么，施多少）、施肥时间的确定（什么时候施）、施肥方法的确定（怎么施）三个方面。

1. 肥料的种类

咖啡园通常施入的肥料可分为有机肥和无机肥两种，主要施入肥料的种类见表5—2。

表 5—2　　　咖啡园主要施入肥料的种类

种类	名称	说明
有机肥	羊粪	晒干羊粪
	咖啡果皮沤肥	咖啡果皮渥堆发酵而成
	厩肥	猪、牛、羊、鸡、鸭等畜禽的粪尿与秸秆垫料堆成
	绿肥	栽培或野生的绿色植物体
	沼气肥	沼气液或其残渣
	微生物肥料、根瘤菌肥料	能在豆科植物上形成根瘤的根瘤菌剂
	腐殖酸类肥料	甘蔗滤泥、泥炭土等含腐殖酸类物质的肥料
	有机-无机复合肥	由有机物质和少量无机物质复合而成，加入适量的微量元素
无机肥	氮肥	尿素
	磷肥	过磷酸钙、钙镁磷肥、磷矿粉
	钾肥	氯化钾、硫酸钾
	钙肥	石灰、石灰石
	镁肥	钙镁磷肥、硫酸镁
	复合肥	二元复合肥、三元复合肥
	叶面肥	微量元素：含有铜、铁、锌、镁、硼、钼等微量元素的肥料

禁止使用含重金属和有害物质的城市生活垃圾、污泥、粪便垃圾和工业垃圾。禁止使用未经国家有关部门批准登记而生产的商品肥料。

2. 施肥种类和施肥量的确定

(1) 根据土壤特性及咖啡树生长发育特点确定施肥种类和施肥量。咖啡树对营养元素的吸收与土壤的酸碱度有关，土壤 pH 值在 5.5~6.5 时，咖啡根系对营养元素的吸收效率最高。如果土壤偏酸 (pH 值小于 4.5)，根系对营养元素的吸收就会受到抑制，施肥时选用的肥料应注意根据土壤的酸碱性而定。石灰是调节土壤酸碱度、增加土壤钙元素最有效、快捷和经济的方法。石灰施用的时间为雨季开始前或雨季结束后，如果台面有蕨类植物，说明土壤呈酸性，每公顷撒施 900~1 200 kg 石灰于台面。石灰撒施 1 个月后才能施其他化肥。每个咖啡种植点最好进行土样分析，以确定有效的石灰施用量，一般每隔 3~4 年重复施石灰一次 (土壤酸碱度与肥料的选择见表 5—3)。

表 5—3　　土壤酸碱度与肥料的选择

pH 值	小于 5.0	5.0~5.4	5.5~5.6	大于 6.0
氮肥	硫酸铵、尿素	硫酸铵、尿素	硫酸铵、尿素	任何氮肥均可
磷肥	钙镁磷肥	钙镁磷肥	钙镁磷肥	普钙
钾肥	氯化钾	氯化钾	氯化钾、硫酸钾	任何钾肥均可
钙肥	石灰、钙镁磷肥	石灰、钙镁磷肥	石灰、钙镁磷肥	石灰、钙镁磷肥

咖啡树定植的第 1 年和第 2 年以营养生长为主，第 3 年及以后进入营养生长与生殖生长并进期，要根据树龄、营养状况、发育阶段有针对性地确定施肥量和施肥比例。我国咖啡生产还未推行测土配方施肥，主要还是凭经验进行，应在咖啡种植企业和农户中推广营养诊断与测土配方施肥技术。

（2）根据咖啡叶片营养诊断指导施肥。叶片取样方法：采果结束后或在旱季，取树冠咖啡树中部结果枝的顶端顺数第三和第四对充分展开的叶片（见图 5—1）。100 公顷以下的基地取 300 ~ 600 片叶片。取下的叶片用湿卫生纸包裹后放入密封的塑料袋中，及时送样分析。

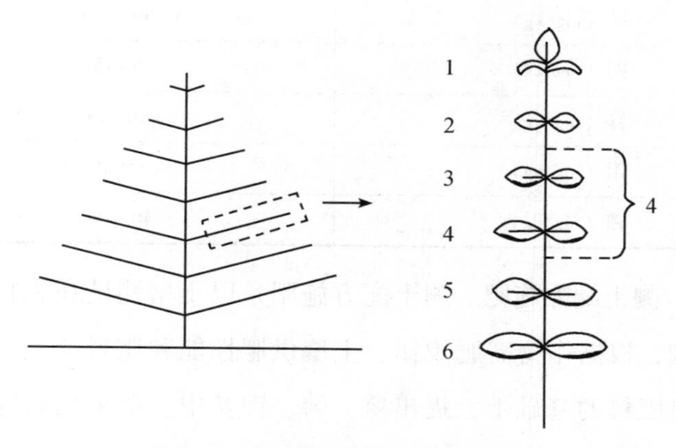

图 5—1　咖啡树叶片采样示意图

结果的咖啡树（咖啡树中部结果枝的取叶部位），叶片各元素的含量与咖啡树的生长密切相关。咖啡树叶片中营养元素含量参考数值见表 5—4。

表 5—4　　咖啡树叶片中营养元素含量参考数值

元素	参考数值
氮	2. 5% ~ 3. 0%
磷	0. 15% ~ 0. 20%
钾	1. 5% ~ 2. 6%
硫	0. 1% ~ 0. 2%

续表

元素	参考数值
钙	0.7%~1.3%
镁	0.2%~0.4%
铁（mg/kg）	50~150
锰（mg/kg）	50~150
铜（mg/kg）	6~15
锌（mg/kg）	10~15
钼（mg/kg）	0.15~0.20
硼（mg/kg）	40~100

（3）测土配方施肥。测土配方施肥是以土壤测试和肥料田间试验为基础，根据作物需肥规律、土壤供肥性能和肥料效应，在合理施用有机肥料的基础上，提出氮、磷、钾及中、微量元素等肥料的施用数量、施肥时期和施用方法。测土配方施肥技术的核心是调节和解决作物需肥与土壤供肥之间的矛盾，同时有针对性地补充作物所需的营养元素，作物缺什么元素就补充什么元素，需要多少就补多少，实现各种养分平衡供应，满足作物的需要；达到提高肥料利用率和减少用量，提高咖啡豆产量，改善咖啡豆品质，节省劳力，节支增收的目的。

如何实现测土配方施肥技术：由专业部门对土壤和叶片进行测试分析并提出肥料配方，由企业按配方进行生产并供给种植户，由农业技术人员指导其科学施用。种植户直接购买或定制配方肥，再按具体方案施用。施肥量要根据土壤分析来确定，表5—5为咖啡园土壤营养元素含量参考数值。

表5—5　　咖啡园土壤营养元素含量参考数值

元素	参考数值	单位
氮（N）	90~120	碱解氮（mg/kg）
磷（P）	20~40	速效磷（mg/kg）
钾（K）	0.2~0.4	交换性钾（meq%）
钙（Ca）	1.5~5.0	交换性钙（meq%）
镁（Mg）	0.4~2.0	交换性镁（meq%）
锌（Zn）	2~10	速效锌（mg/kg）
硼（B）	0.5~2.0	速效硼（mg/kg）
钠（Na）	<1.0	meq%
阳离子交换量（CEC）	10~20	meq%
盐基饱和度（Sat）	60%~80%	
Ca/K	3~14	/
Mg/K	2~5	/
Ca/Mg	1.2~5	/
钾的比例 [K%=（100×K）/（K+Ca+Mg）×100%]	3%~6%	
Ca/CEC	40%~60%	
Mg/CEC	10%~20%	
K/CEC	3%~5%	
pH值	5.5~6.5	/

四、施肥时间

咖啡树每年需施肥四次，其中土壤施肥三次，叶面施肥一次。土壤施肥在有灌溉条件的咖啡园于3月、5月、7月各施一次；在没有灌溉条件的咖啡园可于雨季的5月、7月、9月各施一次，叶片可于10月施一次肥。第一次土壤施肥为催芽肥，第二次土壤施肥为保果肥，第三次土壤施肥为壮果肥，第四次叶面施肥为保暖过冬肥

(具有促进花芽分化、提高抗旱力和促进籽粒饱满的作用)。

五、施肥方法

咖啡植株主要靠根系从土壤中吸收生长发育所需的营养元素，在施肥技术上以土壤施肥为主，但枝叶和果实也有一定的吸收养分的能力，因此，通过叶面施肥，也可促进咖啡植株对营养元素的吸收，叶面施肥常用于快速纠正营养缺乏症，微量元素肥料常采用叶面施肥。

1. 土壤施肥法

根据咖啡根系的分布特点，将肥料施在根系密集区域，以保证根系充分吸收养分，发挥肥料的最大效用。幼龄咖啡植株根系浅，分布范围不大，以浅施、勤施为主，随着咖啡树龄的增大，施肥的深度和范围也应逐年加深和扩大。幼龄树一般在树冠滴水线处挖施肥沟进行沟施。成龄咖啡树一般在距植株主干一侧 30~40 cm 处，挖长 40 cm，宽、深各 20 cm 的施肥沟，施肥前将准备好的氮、磷、钾肥按一定比例（15∶15∶15 或 10∶5∶20）混合均匀，撒施于沟内，肥料与沟土拌均匀，施肥后覆土，施肥沟的位置在四个方位交替轮换。沙质土、坡地及高温多雨地区，肥料要适当深施、勤施。黏性土施肥浓度可适当增大，以减少施肥次数。旱地施氮肥要深施或混施，特别是粒肥深施，这是目前提出的减少氮素损失、提高氮肥利用率效果最好且较稳定的一种方法。与氮肥表施相比，将氮肥混施于土壤耕层中，也能减少氮素损失。混施和深施的主要作用是减少氨挥发和径流损失，也能够减少反硝化损失。有灌溉条件的咖啡园，施肥后应及时灌水，以利于降低氮素损失，提高氮肥利用率和增产效果。磷肥在土壤中移动性差，磷肥淋失很少，土壤对磷肥有固定作用，宜集中施用和深施，这有助于减少磷的固定作用，使更多的磷肥保持在有效状态，磷肥与农家肥作基肥一次施入更能发挥肥效。钾肥在土壤中易淋失，根据生长季节的不同，可采用撒施、条施、沟施、穴施和叶面喷施等方法。在进行土壤施肥时，施肥位置要交替进行。

2. 叶面施肥法

叶面施肥是根外施肥的主要方式之一，是把肥料用水溶解后稀释成一定浓度，直接喷施到叶面上，让叶片直接吸收利用。叶面施肥法虽然不能取代土壤施肥法，但它对迅速改善植株营养状况具有重要作用，叶面施肥主要用于补充植株营养和纠正缺素症。

喷施时期和时间：叶面施肥一般选在新叶、新梢、花期和幼果期叶片组织未老熟前进行，以新梢生长期、花期和幼果期施用效果最好，叶片老熟后喷施效果会降低。肥液在叶片上停留的时间越长效果越好，如果喷施肥液后叶面能保持湿润 30~60 min，则有利于加快吸收速度和提高利用率。喷施最佳时间在上午 11 点前和下午 4 点后。根据树势酌情施用，长势正常的咖啡树在 10 月喷施一次磷酸二氢钾、硼、钼叶面肥，可促进花芽分化，促进次年开花结果，并增强咖啡树的抗寒和抗旱能力。

喷施部位和喷施次数：叶面喷施以喷叶背面为好，叶片背面的气孔比正面多，且海绵组织间隙大，茸毛也多，吸收肥液多且速度快，所以喷肥要喷匀，叶背面一定要喷到。大中量元素（氮、磷、钾、钙、镁等）可根据需要多次喷施，微量元素在连续喷施 2~3 次后，若缺素症状消失，则应停止喷施，以免发生肥害。

喷施浓度：叶面施肥要求严格掌握喷施浓度，特别是微量元素肥料，如果浓度过低，则施肥效果不明显，而浓度过高则容易产生肥害。咖啡种植常用的叶面肥有尿素、磷酸二氢钾、硫酸镁、硫酸锌、硼砂或硼酸等，施用浓度分别为尿素 0.2%~0.3%、磷酸二氢钾 0.3%~0.5%、硫酸镁 0.3%~0.5%、硫酸锌 0.1%~0.3%、硼酸或硼砂 0.1%~0.2%。

尽管叶面施肥的优点多，效果好，但其终究只是一种辅助施肥手段，绝不能代替土壤施肥。因此，要在土壤施肥，尤其是增施有机肥的基础上，配合叶面施肥才能取得最大的经济效益。

六、土壤管理

1. 管理目标——“三保一护”

“三保一护”，即保水、保土、保肥、护苗。

2. 咖啡园土壤改良

（1）深翻熟化。深翻熟化的土壤对咖啡树的生长有明显的促进作用，深翻土壤使土壤熟化，可提高咖啡的产量和质量。其主要措施是扩穴改土和深耕。

（2）幼树的扩穴改土。雨季末（一般在 11 月），第一年先在定植穴的内面（台面靠壁方向）开挖深 40 cm、宽 60 cm 的穴，填入绿肥、杂草、农家肥、0.2 kg 钙镁磷肥或石灰。第二年在定植穴的外面用相同的方法改土，引导根系向广度伸展。

（3）成年咖啡园的深耕。雨季末（一般在 11 月）进行 1 次深翻，深度 30 cm，不伤及主根及主干，深耕应结合深翻改土同时进行，用园外或保护带上的绿肥并添加适量的农家肥和磷肥进行压青施肥。

3. 土壤改良的措施

（1）间作固氮树种。在台面和保护带上间作小饭豆、猪屎豆、黄豆、花生及光叶紫花苕等固氮树种，增加土壤有机质及氮肥。

（2）施用石灰调节 pH 值。酸性土壤施用石灰，每亩撒施石灰 40~60 kg。

（3）培土。在咖啡根际进行培土，以加深根系分布和固定根系。

（4）水土保持工程。保持咖啡园台面内倾 3°~5°，既有利于咖啡园地保水、保肥、保土，又有利于排涝。

七、制定咖啡树合理施肥及土壤管理方案

1. 肥料的种类及施肥量（见表 5—6）

表 5—6　　咖啡园施肥量参考标准

肥料种类	施肥量［g/（株·年）］				说明
	定植肥	1~2 龄	2~3 龄	3 龄后	
优质有机肥	>2 000	1 000	1 000	2 000	以腐熟垫栏肥计
尿素	/	50	60~100	80~100	/
过磷酸钙	150	50	60~100	60~80	酸性重可用钙镁磷肥
氯化钾或硫酸钾	/	40	60~100	80~100	/
硫酸镁	/	/	/	50	缺镁地区用
硫酸锌	/	/	/	5~10	缺锌地区用
硼砂	/	/	/	5~10	缺硼地区用

2. 施肥时间及方法

只要土壤潮湿全年均可施化肥。一般雨季是常规施肥的最佳时期，分 3~4 次（2—3 月、5—6 月、7—9 月、10—11 月）施完。未

投产树越冬期施（11 月—翌年 2 月），投产树采果后施（2—3 月），施肥以有机肥和磷肥为主，在咖啡树株间或冠幅外围挖长 40 cm、宽 20 cm、深 30 cm 的施肥沟，肥料与沟土拌均匀，施肥后覆土，施肥沟的位置应四个方位逐次轮换。施肥部位在咖啡树冠幅（滴水线）下环状或半环状处，挖 5 cm 浅沟均匀撒施，施后盖土。如果是半环状施肥，施肥位置每次要交换。叶面肥在叶背面喷施，在晴天上午 11 时前和下午 4 时后喷施效果较好。

3. 施农家肥

常用的农家肥有发酵处理的牛、羊、猪和鸡等动物粪便，咖啡果皮发酵后也是很好的有机肥，杂草等植物压青或地面死覆盖也能转化为农家肥。农家肥是有机肥料，含有各种营养元素，在施化肥的同时增施农家肥，可使土壤疏松透气，促进新根生长，使咖啡树长势旺盛、健壮、产量高、抗性强。动植物残体沤制的农家肥是最好的肥料，咖啡树可长期施用。蔗糖泥可每株每年施 500 g 干塘泥（或 1 000 g 湿塘泥），能提供咖啡树所需全钾量的 20%～30%，同时补充锌肥和硼肥，但蔗糖泥中氮和磷的含量极低，铁和锰的含量太高，所以不能长期使用。

模块三　咖啡树的修剪及更新复壮技能

咖啡是一种需要精细管理的经济作物，不但要进行合理的中耕及水肥管理，也要实行很精细的修枝整形。在有低温寒害影响的地区，修枝整形问题表现得更为突出。咖啡树顶端优势强和生殖生长旺盛，当顶端受伤后会引起下芽、腋芽大量萌动，形成丛生枝、徒长枝等枝条，加剧养分消耗，使养分失去平衡，造成咖啡树收果后的大量枯枝（有的在未收果时就发生果枝一起枯死的现象），甚至引起整株枝干枯死。合理的修枝整形，可以调节生殖生长与营养生长的关系，培养咖啡树良好的树形，促使咖啡树稳产、丰产。

一、修剪的目的

整形修剪技术有利于咖啡树冠通风透气，使树冠结构合理，促进光合作用；有利于主干及骨干枝的生长发育，使分枝层次分明，形成丰产树形；有利于减少病虫害；同时有利于咖啡树整株营养的合理分配，促进开花坐果及营养生长。因此，整形修剪是咖啡生长中不可缺少的管理措施。

二、修剪的时间

1. 幼树

咖啡树栽植后应定期巡园，并对咖啡树进行修剪、抹芽，除去直生枝和过多无用的分枝，去顶控高，截顶高度为 180 cm。

2. 结果树

结果树每年的修剪时间为 2—3 月，在咖啡果采收结束后进行并定期巡园，每月对咖啡树修剪、抹芽，除去直生枝、病虫枝及过多无用的分枝。

三、小粒种咖啡树的主要树体结构

栽培小粒种咖啡的树型有两种，单干型和多干型（见图 5—2）。

单干型

多干型

图 5—2 小粒种咖啡树型示意图

1. 单干型

每棵咖啡树只培养一条主干。这类树型应将树体控制在一定高度，使养分集中供应，以促进主干和一分枝发育、增粗，形成强健的骨架。以后每年不断地从一分枝上抽生出二、三分枝，代替一分枝结果。

单干型多用在新种植的咖啡树上，该树型一分枝数量有限，后期二、三分枝也是主要的结果枝条。一般在投产几年后应培养多干型树体，以促进咖啡树丰产、稳产。

2. 多干型

每棵咖啡树培养 2~3 条主干。该树型的一分枝数量较多，应促进主干和一分枝发育、增粗，一分枝为主要的结果枝条。该树型应注意主干的合理轮换及对一分枝的培养，可达到咖啡树丰产、稳产的目的。

四、单干型的整型与修剪

1. 一次去顶法

当咖啡树高 1.8～2.0 m 时可对其打顶从而形成单干型。目前，多数卡蒂莫系列品种采用一次去顶法形成单干型。

2. 多次去顶法（见图 5—3）

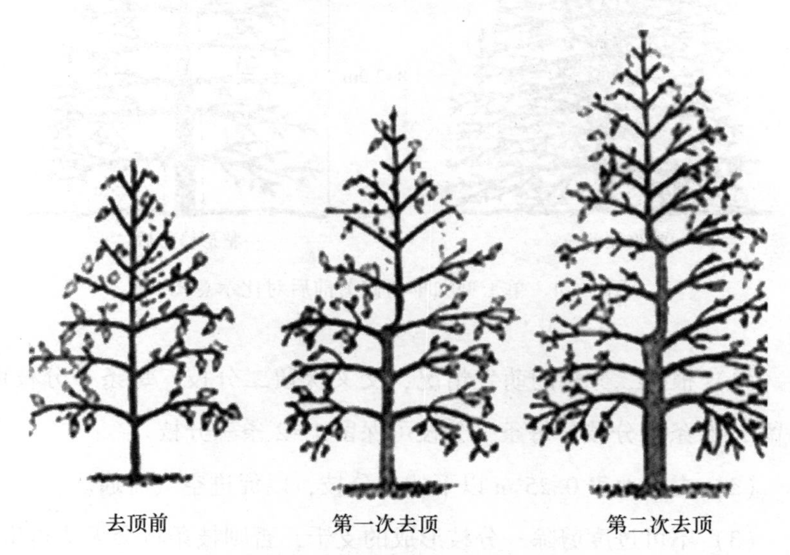

图 5—3　咖啡树多次去顶示意图

在保留的单干上分 2～3 次去顶，形成单干树。第一次去顶高度 1.2 m，第二次去顶高度 1.8～2.0 m，铁皮卡、波邦等高干品种适宜多次去顶法。

3. 单干型的修剪

修剪时间安排：幼龄咖啡树在 3—10 月，投产咖啡树从采收结束至 10 月，一分枝不能修剪，二分枝在离主干 10～15 cm 处开始保留。修剪时枝条的去留，主要应做到以下几点（见图 5—4）：

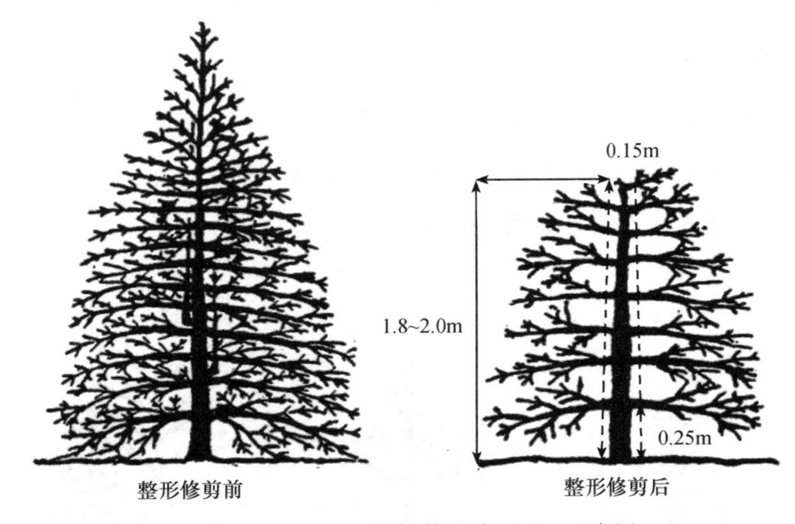

图 5—4　单干型咖啡树修剪前后对比示意图

（1）根据二分枝的萌发情况，交叉保留二分枝；每条一分枝可保留 3~5 条二分枝，每条二分枝可保留 1~2 条三分枝。

（2）去除地表 0. 25 m 以下的一分枝，以促进空气流通。

（3）不可过度剪除一分枝形成的支干，否则枝条将会无法再生。

（4）剪除主干 0. 15 m 内的二分枝，形成烟囱式通气通道。

（5）剪除所有不定枝（全部向上、向下、向内生长的不规则枝条），因为这些枝条是无法结果的。

（6）剪除弱枝、病虫枝、干枯枝。

五、多干型的整型与修剪

多干型整型的目的是培养多条主干使其长出大量健壮的一分枝

以作为主要结果枝。主干不去顶，待顶芽生长变缓，产量下降时再更新主干。多干整型的修剪技术较简单，主要是定期更换主干，剪去结果后的枯枝、弱枝、多余的徒长枝及病虫枝。多干整型有多干培养和多干轮换两个步骤。

1. 多干培养

（1）弯干法。将种植后一年的苗木主干向地面拉弯成 45°，用绳子将其固定，促进基部抽生出直生枝，选留 3～4 条育成新干。在结果 1～2 年后截去老干，此法较斜植法费工，且需要用固定主干的材料。如图 5—5 所示为咖啡树弯干示意图。

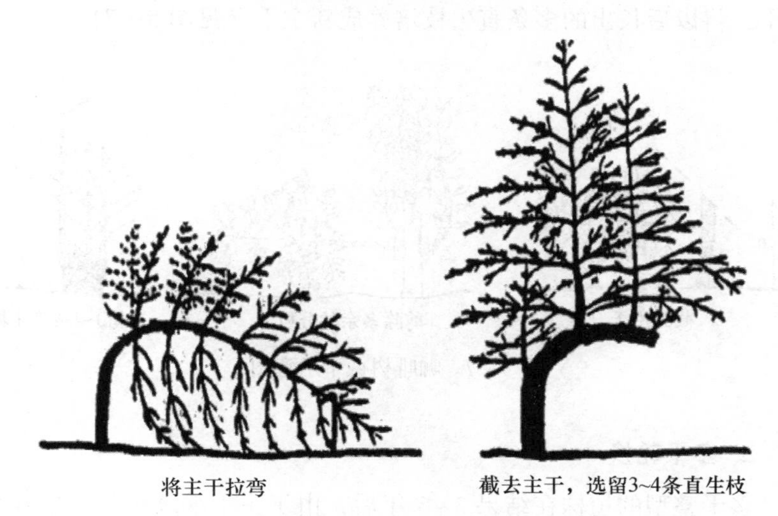

图 5—5　咖啡树弯干示意图

（2）斜植法。定植时，将苗木斜植于大田，使苗木与地面形成 10°～45°角，选留从基部抽生的 3～4 条直生枝作为主干，把原主干的最上一条直生枝截去，此法在生产上应用较普遍。如图 5—6 所示为咖啡树斜植示意图。

图 5—6　咖啡树斜植示意图

（3）截干法。此法适用于 2 年生苗木，在离地面 25 ~ 30 cm 处截干，将以后长出的多条直生枝培养成新主干（见图 5—7）。

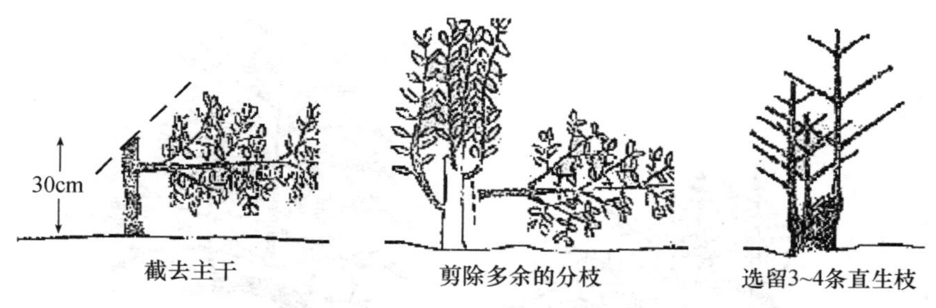

图 5—7　咖啡树截干示意图

2. 多干轮换

多干整型的植株在结果 3 ~ 5 年后，由于主干继续生长，使其结果部位逐年升高，老主干生长量逐年减少，产量下降，因此，必须更换主干，使植株保持足够的结果主枝。多干轮换主要采用一次截干法和多次截干法，从而培养新主干代替老主干结果。

（1）一次轮换。主干结果 4 ~ 5 年后产量就会下降，此时于收获后，把主干一次截去，其高度一般离地面 30 cm，锯口面向外倾斜，待新干萌发后，保留从基部萌发的4~5条新干将其培养成主干。

（2）分次轮换。每年将结果能力低的1~2条老干截去，培养1~2条新干代替老干结果。一般在截干前一年，于老干基部保留直生枝1~2条，到截干当年采果后，在直生枝长出部位上方锯去老干。

3. 多干修剪

多干整型也需要修剪，以保持树冠内通风透光，新培养的主干健壮，结果多。多干修剪的主要对象是截干后长出的多余直生枝，截干后萌发出的直生枝，除需要培养的新干外，多余的直生枝要及时除掉。另外，要剪除部分向内生长的侧枝、枯枝和病虫枝，并适当控制主干的高度。

幼龄咖啡树多采用单干整形，结果多年的衰老树、弱树或主干衰弱的咖啡树可采用多干整形。

六、咖啡枯梢树、低产树的改造

枯梢树往往发生在枝条大量结果后，植株消耗了大量养分，此时，若水肥不足，管理又跟不上，枝条生长量就会变小，叶子褪绿，经冬季低温干旱期，引起落叶、枝枯，形成树冠中部空虚。枯梢比较严重的，结果多的枝条将全部干枯，结果少的枝条也会受到影响；枯梢严重的，叶片全部落光，枝条大部或全部干枯，个别主干也会干枯。

1. 枯梢树的改造

枯梢破坏树形，使产量下降，不经过改造是难以恢复产量的，改造后也需要1~2年后才能恢复到正常产量。改造时间宜早不宜晚，2月中、下旬气温回升时即可进行改造，早改造可早长枝，并加速当年生长量，使下年多结果。改造时需要根据枯梢的情况而定。

（1）上部枯梢。原上部枝条结果多，就会使大多数枝条枯死，不枯的枝条叶片也会大部分脱落。从枯枝部位处截干，使其萌发直生枝，然后选留一条粗壮直生枝代替主干，长至离地面高 160～180 cm 再进行去顶，控高以后，要及时除掉多余的直生枝。

（2）中上部枯梢。在枯梢最下面一对枯枝的部位截干，选留新生的 1～2 条直生枝，将其培养成老主干的延续主干。原主干下部正常的一分枝可继续留用，以使来年有一定的产量。

（3）中下部枯梢。可采用弯干法或截干法进行改造。

（4）下部枯梢。下部枯梢多出现在没有控制高度的植株上，如果任其长高，当植株高出 300 cm 左右时就会影响群体受光，使下部枝条处于荫蔽处，造成枝条瘦弱干枯，结果部位升高，即只有顶部枝条结果，成为伞状树，造成产量下降，给管理工作带来困难。下部枯梢的植株可进行截干更新，更新方法见下一环节。

2. 枯梢树的管理

（1）灌水或喷水。截干后应进行灌水或喷水，使土壤保持一定的水分，截干后一个月萌发新芽，早发芽可早生长，并能加大当年生长量，为下年打下基础。

（2）深翻改土。截干后，在土壤水分适当时进行深翻，深挖 30～40 cm，可切断部分老根，促使枯梢树长出新根。

（3）修剪。在改造枯梢树的咖啡园，对留下的植株进行一次修剪，将所有枯枝、病虫枝、无结果能力的老枝、弱枝、过密枝等剪去，当腋芽大量萌发时留够下一年的结果枝，其他腋芽全部除去。截干后一个月左右萌发大量直生枝，留 2 条健壮芽培养主干，多余直生枝条要及时除去。

（4）其他管理。施肥、除草、松土、灌水、防治病虫鼠害等措施与正常的咖啡园相同。

七、咖啡树更新

咖啡树结果后第 3 至第 5 年是盛产期，第 6 年产量开始下降，其生长势逐渐衰退，一般在结果后第 6 至第 7 年更新复壮，若管理得好可延缓更新期，但如果管理跟不上，大量结果之后，一分枝干枯，就会严重破坏树形，在这种情况下采用一般管理是难以恢复原来产量的，可采取更新换干复壮法来恢复原来的产量水平。

1. 更新方法

（1）上部分枝条全枯的。在离地面 25~30 cm 处切干，切口倾斜度为 45°，切口向外，切口需糊黄泥或涂油漆以保持水分，30 cm 以下有枯枝的，要将其全部剪除；有正常枝条的，全部保留。30 cm 以上有正常枝条的，切口部位可提高到 40~50 cm 处，在活枝条上端 5 cm 处切干。活枝条可萌发出多条二分枝，可保证来年有部分产量。

（2）成片一次更新。若当年没有产量或产量很低，且树的长势不好，枝条全部枯死的可一次成片更新。

（3）轮换更新。密植咖啡，对行距太窄，荫蔽度过大，或咖啡园有部分枝条干枯，但还有一定产量的，可采用隔 2 行更新 1 行，每年更新三分之一、留三分之二的方法进行。采用更新 1 行留 2 行的方法，增加了光照和营养，从而提高了植株的生长和产量。

2. 更新时间

在有条件灌溉或浇水的咖啡园，以早更新为好，收果结束之后，2月中旬或3月上旬（平均温度15℃以上）切完干。无灌溉条件的咖啡园可在雨季初进行，争取尽早切干，早萌发直生枝，这样可使当年生长量加大，为下年提高产量创造条件。

3. 更新咖啡园的管理

（1）灌溉供水。截干后和新芽萌发前要求土壤水分充足，能灌溉的咖啡园应进行灌溉，以利于枝条的抽生。

（2）深翻改土。截干后土壤水分适宜时，深翻30 cm，疏松土壤，同时切断部分老根，以促进新根生长。

（3）抹芽。新芽萌发时，选留1~3条生长在切口下1~2 cm以上的健壮直生枝留作干枝，枝与枝之间要有间隔（最好为相对而生），其余的新芽应及时除掉。

（4）施肥。施肥可参照新定植的咖啡来进行。

（5）防虫。更新之后的咖啡园，基部主干暴露在外，易受害虫（尤其是天牛）的危害，当新芽抽出后，可用药剂或涂剂（硫黄1份，石灰1份，水25~30份）喷或涂主干。注意不要涂在新抽出的芽上。

（6）中耕除草。咖啡园更新之后，其地表裸露，杂草生长较快，结合浅、中耕，及时清除园内杂草，以保持土壤疏松、透气。

（7）打顶控高。单干更新后，待植株长高到180 cm时打顶控高。

模块四　咖啡树寒害及处理技能

云南省哀牢山以东地区常常周期性地遭受寒流袭击，因此，除选择避寒环境外，还要搞好防寒工作。当冬季中午降温幅度达7~8℃、下午露点温度小于5℃、盛行偏北风或西北风时，当晚最易发生霜冻。云南咖啡种植区发生霜冻比较严重的年份是1953年、1973年—1974年、1975年—1976年、1986年春（倒春寒）、1999年，平均霜冻周期为13~20年。霜冻年给咖啡树的生长和产量造成了很大伤害和损失。霜冻无论轻重，都会对咖啡杯品质量造成极大影响(褐色豆比率增加)。

一、咖啡树寒害症状

咖啡树寒害表现为嫩叶枯焦、顶芽及嫩梢枯死、叶片和枝条枯死、咖啡果果皮枯焦、咖啡豆褐色豆比率增加等症状。

二、霜冻树的处理

1. 处理的时间

发生寒害的咖啡树及霜冻树在冻害发生1个月后进行处理。

2. 处理的方法

（1）一年树龄的咖啡树连片受冻时要重新挖沟种植；如果是缺株只需要补苗即可。其他树龄的弱树，要重新挖沟种植。

（2）严重受冻树，若地表上5~20 cm的树干仍存活，可在其树干枯死与活组织交界处切干，并涂封切口，将以后长出的多条直生枝培养成新主干。

（3）若地表 50 cm 以上的树干仍成活，可在受冻树受害位置以下切干。

（4）主干一分枝回枯距主干 5～10 cm，按枯枝树的截干法处理；只要一分枝有足够的长度，修剪死亡的枯枝，一分枝即可存活。

3. 受害树的管理方法

（1）有灌溉条件的种植地，旱季 15～20 天灌水 1 次。

（2）春季土壤潮湿，每株树施尿素 20～30 g，以促使直生枝的抽生；如选留的直生枝叶色淡黄，可喷尿素等叶面肥。

（3）切干后保持台面内倾，施有机肥，进行地面覆盖。

（4）如果选留的新主干接近地表，应扒开新主干周围的土壤，避免土壤高温灼伤直生枝。

三、咖啡树抗寒栽培措施

秋冬季节应注意气象信息，掌握天气变化。早做防寒准备，可有效防御咖啡树低温霜冻灾害。

1. 选择避寒环境栽培

掌握低温霜冻发生的规律。咖啡种植地应避开低凹的沟谷，因这些地形冷空气易下沉，出现霜冻的机会多，受冻强度大。新种植区应选择背风向阳的平地、山坡地或地势开阔、空气流通的地方。

2. 培育选用抗寒品种、加强抚育管理

目前，生产上尚无表现优良的抗寒品种，培育抗寒品种也是提高咖啡树抗寒能力的主要措施之一。在生产管理中，要注重培养树

形健壮的咖啡树，提高其抗寒能力。

（1）选择抗锈病的咖啡品种，以促使咖啡树生长健壮，提高咖啡树的抗逆性。

（2）适量增施肥料，提高咖啡抗寒能力。在进入冬季前，可施磷、钾、硼等肥料，以促进枝叶生长健壮，提高抗寒能力。

3. 保护咖啡树体，提高抗寒能力

（1）覆盖。秋季对幼龄咖啡树进行地膜覆盖；严寒到来前对未木质化的幼龄咖啡树可用整株搭草棚架、多层遮阳网防寒；高大的咖啡树可用废旧塑料袋做成网罩，或用稻草帘、多层遮阳网等防寒物覆盖。

（2）根颈培土。对已老化的咖啡树，12 月中旬前进行培土，以保护近地 5～30 cm 的主干，是老咖啡树行之有效、节约型的防寒措施。根颈培土有利于对咖啡树进行灾后换干。无论是否发生霜冻，立春后都应将培于主干的土恢复至台面。

（3）灌水和熏烟都是常规防冻措施，可因地制宜地采用。

（4）适当荫蔽，种植荫蔽树。

第6单元 咖啡园病虫鼠害防治技术

咖啡树病虫鼠害严重影响了咖啡的产量和质量，据相关资料显示，咖啡因病虫鼠害造成的直接经济损失达40%以上，在没有采取防治措施的咖啡园，损失甚至超过70%。在咖啡园防治病虫鼠害的过程中应贯彻“预防为主，综合防治”的植保方针，落实“见害虫就捉、见病枝就剪除”的原则，以改善咖啡园的生态环境、加强栽培管理为基础，综合应用各种措施对病虫鼠害进行防治。

模块一 咖啡树主要病害的防治技术

危害咖啡树的主要病害有锈病、炭疽病、褐斑病、咖啡茎干溃疡病、枝枯病、咖啡细菌性叶斑病等。对咖啡树病害的防治首先要了解病害的危害特点及流行规律，对咖啡发病症状进行诊断，只有“对症下药”才能取得良好的防治效果。

一、咖啡锈病

1. 危害特点

咖啡树感染锈病后，其叶片的病斑上布满锈孢子，导致咖啡树提早落叶，光合作用能力下降，当年营养生长和果实变小，造成后期的碳水化合物不足，引起枯枝及早衰。病害流行年份可使咖啡的产量损失超过30%，严重的可达到50%；同时又因锈病危害造成大量落叶，引发天牛类害虫的严重危害，因此，咖啡锈病严重影响咖啡生产的持续发展。

2. 症状及流行规律

（1）症状。咖啡锈菌仅危害叶片，重病年份幼果和嫩梢上也会有孢子堆。病状主要表现为叶背面孢子堆的发展过程，发病初期叶背面开始出现2~3 mm的小黄斑点，其周围有浅绿色晕圈。随着斑点的逐渐扩大，在发病部位的叶背面出现橙红到橙黄色的孢子堆。

（2）流行规律。咖啡锈病主要通过气流和降水传播，高温高湿是咖啡锈病流行的主要因素；同时，咖啡锈病的流行也与海拔、植株的营养状况及栽培管理措施有关。

3. 防治措施

（1）选用抗（耐）锈丰产良种。利用品种抗性是防治病害最经济、有效的措施，如Catimor、Sarchimor和Catimor系列品种。

（2）推行高产品种复合栽培模式，提供适宜的荫蔽环境，防治咖啡园早衰，保持叶片的抗锈性。注意合理施肥，增施磷、钾肥，避免偏施氮肥，增强品种的抗锈性。适时修枝整形，促进营养生长，控制过度结果以免损伤树势。

（3）每年喷药2~3次，在雨季来临前使用保护性杀菌剂，如波尔多液；雨季后使用内吸性杀菌剂，如粉锈宁（三唑酮），每隔4~6周喷施一次，药剂应交替使用。

二、咖啡炭疽病

1. 危害特点

咖啡炭疽病是一种发生很普遍的病害。它除了危害叶片外，还可侵害枝条和果实，引起枝条回枯和僵果。果实染病后，果皮紧贴在豆粒上（会导致脱皮困难），严重时造成落果。

2. 症状及流行规律

（1）症状。该病主要危害咖啡叶片，也危害果实和枝条。叶片初侵染后，上下表面均有淡褐色的病斑，直径约 3 mm。侵染多从叶片边缘开始，病斑中心呈灰白色，边缘呈黄色，后期病斑完全变成灰色，并有同心圆排列的黑色小点。枝条染病后会产生褐色病斑，最后引起枝条干枯；果实染病后会出现黑色的下陷病斑，使果肉变硬并紧贴在豆粒上。

（2）流行规律。此病菌侵染最适的条件是相对湿度 90%以上，温度 18℃左右。分生孢子萌芽后的芽管直接由叶、果枝的表面伤口侵入。在冷凉、高湿季节或长期干旱后又连续降雨的天气有利此病发生。

3. 防治措施

（1）加强抚育管理（包括合理施肥和正确修剪），创造适合咖啡生长的小气候环境，避免咖啡过度结果造成营养亏缺，保持咖啡树生长健壮，提高抗病力。

（2）使用1%波尔多液、多菌灵可湿性粉剂，每 7~10 天喷洒 1 次，连喷 2~3 次。防治时期为 4—9 月、11 月至翌年 1 月。

三、咖啡褐斑病

1. 危害特点

咖啡褐斑病是由半知菌尾孢属病菌引起的病害。该病主要危害生势衰弱、无荫蔽、结果多的咖啡树的叶片和果实，引起咖啡树落叶、落果。

2. 症状及流行规律

（1）症状。在叶片上产生近圆形、边缘褐色、中央灰白色的病斑，在幼叶上为红褐色病斑。病斑扩大后有同心轮纹，叶斑背面产生黑色霉状物。有时几个病斑可连在一起，但仍能看到原来病斑上的白色中心点。严重染病时会使病叶脱落，在果上形成果斑从而影响豆的质量。

（2）流行规律。该菌是弱寄生菌，在寄主受到不良环境影响，抗病力削弱的情况下发病严重。通常土壤瘠薄或管理粗放的咖啡植株，以及无荫蔽条件的咖啡幼树发病较重。相对湿度在95%以上或咖啡植株立地环境长期荫湿最有利该病发生；在叶上孢子通过气孔侵入，在果上则通过伤口侵入，日灼受伤的叶片和果实发病较重。

3. 防治措施

咖啡褐斑病的防治措施与咖啡炭疽病相同。

四、咖啡茎干溃疡病

1. 危害特点

此病为镰刀菌引起的病害。国内外咖啡种植区均有发生，是中非咖啡种植区的重要病害，曾是马拉维咖啡生产的限制因素，1999

年云南特大寒害造成德宏无荫蔽咖啡幼树发生了此严重病害。

2. 症状及流行规律

（1）症状。典型症状是根颈交界部位出现溃疡。也常在植株中部某节茎干或一分枝基部发生，严重时受害部位呈缢缩状，俗称“吊颈子”。

（2）流行规律。种植1~2年的幼龄咖啡树，因树龄小，根颈木栓化程度不高，抗逆能力差，冬季植株正北面受辐射寒害或正阳面（西晒）受日灼出现木质部损伤并变黑，这些因素有利于病原菌的入侵。在雨量稀少，气候长期干旱的年份，无荫蔽条件和栽培管理差的咖啡幼树发病较重。

3. 防治措施

（1）旱季对咖啡幼树进行死覆盖，可提高其抗逆能力。适度荫蔽，植株生势强，可减轻冬期温度剧烈变化对咖啡茎干造成的影响。

（2）冬春季节采用石灰水涂干（石灰水剂配制比例为水20份，石灰5份，食盐0.5份），以减轻幼树茎干受辐射寒害和太阳灼伤的程度；在定植当年的10月结合松土除草，在根颈处垒高土护干，避免根颈裸露受害。

五、咖啡枝枯病

1. 危害特点

此病是一种常见病，能使植株的一分枝骨干枝落叶枯死，严重的会导致整株枯死，海拔低、无荫蔽条件或管理不善的咖啡树发病较重。

2. 症状及流行规律

（1）症状。此病先发生在咖啡树中部结果枝上，在果实将要成熟时，先是结果枝上的叶片变黄并迅速脱落；随后果实表面出现类似灼焦状的褐斑，并逐渐干枯；最后是整条果枝干枯，果实变黑。病株仅在顶部的新梢上残留少量带褐斑的叶片。咖啡枝枯病是咖啡树的一种生理性病害，其原因是咖啡结果过多，使植株养分（特别是糖分）消耗过多，同时供给又不足而发生此病。

（2）流行规律。此病的发生与林地有无荫蔽、结果数量、土壤肥瘠、肥水管理水平等有密切关系。一般是无荫蔽、施肥（特别是钾肥）少、管理差、结果过多、枝条瘦弱、咖啡锈病导致落叶严重的植株发病较重，因此，那些无荫蔽、结果过多或管理差的咖啡园发病严重。

3. 防治措施

（1）创造适当的荫蔽环境。在无荫蔽咖啡园宜采用多干轮换整形的方式，从而保持植株营养生长与生殖生长的平衡，同时控制结果量。

（2）在咖啡园台面覆盖厚草，以保护根系，调节地上部分与根系之间的平衡。在咖啡盛果期适当增施钾肥。

（3）注意防治咖啡锈病、褐斑病和炭疽病，可减少该病的发生。

六、咖啡细菌性叶斑病

1. 危害特点

此病主要危害新定植的咖啡幼树，造成幼树严重落叶和嫩梢回枯，影响植株的生长和产量。细菌性叶斑病是在肯尼亚和乌干达高海拔的埃尔根山脉最先被发现的，因此又称埃尔根回枯病。此病在南美洲的巴西和我国的海南、云南咖啡种植区都发生过严重危害。

2. 症状及流行规律

（1）症状。在叶片上出现水渍状、形状不规则、黄褐色的病斑，病斑边缘有明显的黄色晕圈，多在叶片边缘或叶脉两侧发生。在潮湿条件下，病斑上常出现浅褐色的细菌浓液。受害的叶片出现卷曲、干枯、变黑和死亡，但枝条不脱落；细菌性叶斑病最典型的症状是受害嫩枝条基部的叶柄逐渐变黑，回枯枝条顶端变黑的叶片并不落掉，少量枝条受害严重时整株咖啡树如同被大火灼伤一样。此病易对发芽、针状大小的幼果产生危害，使其变黑脱落。

（2）流行规律。雨水是本病发生的基本条件，特别是暴雨，或者久旱遇雨，其不但有利于病原细菌的蔓延、传播，而且还会导致叶片出现大量伤口，有利于病菌的入侵。

3. 防治措施

清除染病组织，使用杀菌剂防治。

七、咖啡美洲叶斑病

1. 危害特点

此病是拉丁美洲咖啡种植区最严重的病害，在巴西、哥伦比亚、哥斯达黎加、危地马拉、委内瑞拉、尼加拉瓜、巴拿马、古巴、墨西哥、波多黎各等 27 个国家和地区都有发生。在海拔较高、寒冷或高湿地区发病较重。该病使受害叶片变小，嫩梢停止生长，少花和落果，曾造成这些咖啡生产国的咖啡园大量荒芜，重病区咖啡产量损失在 75% 以上，一般地区在 20%～30%。国内的云南普洱也发现了此病的危害。

2. 症状及流行规律

（1）症状。染病叶片开始时出现小的暗色及水渍状病痕；病痕中央有一种黄色物体。病痕扩展后呈圆形、浅灰色病斑；因受叶脉限制病斑呈椭圆形、稍凹陷，边缘有一狭窄的暗色晕圈；病斑散生，最大直径 12 mm，其上着生许多细小的浅黄色发状物，高 1~4 mm，顶生膨大的梨状子实体（芽孢）。染病浆果产生类似的病斑。在嫩枝上的病斑呈椭圆形，病枝的栓皮变粗糙。

（2）流行规律。菌丝的生长和繁殖需要高湿的条件，干旱和强烈日照对其不利，生长发育的最适温度为 22~24℃。在干旱季节以半休眠的菌丝体在病部潜伏。菌丝借助雨水和风进行传播；带菌种苗是远距离传播的重要途径。

3. 防治措施

（1）清除染病组织，降低荫蔽度。

（2）雨季前两周喷施杀菌剂，雨季期间病害发生严重时，使用杀菌剂防治，如 1%波尔多液、多菌灵可湿性粉剂。

八、咖啡根病

1. 危害特点

咖啡树有 4 种根病，即根颈龟裂病、褐根病、黑根病和镰刀菌根病。这些根病在世界不同种植区均有发生，特别是海拔高的种植园发生较重，可达到 9%。在我国云南的景洪、瑞丽和海南的万宁、澄迈等地的咖啡园也有褐根病发生。

2. 症状及流行规律

（1）症状。根病树一般表现为生势衰弱、树冠叶片萎蔫和枯枝多，直到整株死亡。根颈龟裂在病部树皮下能见到乳酪状的白色菌丝体，在新近杀死的树基部丛生浅褐色蘑菇状子实体。此病常与褐根病和黑根病混淆，它们之间最明显的区别是前者在根或根颈部位出现根颈龟裂，有时裂开很长。此病发病广，可危害中粒种咖啡和咖啡园的荫蔽树。褐根病分布广，但发病率不高。

（2）流行规律。根病的发生与垦前林地中存在侵染源的多少有密切的关系。因此，凡是由森林地或混生杂木林地开垦的咖啡园发病最多。而机垦林地、彻底清除杂树头根颈的咖啡园，其发病率比人工开垦、清除树头不彻底的林地要低；土壤类型也与发病有关，黏质、通气差的土壤发病较高。

3. 防治措施

（1）开垦时彻底清除侵染来源，回穴时防止病、杂树残根填入穴内。

（2）发生病株时应立即挖根检查，用刀将病部刮除干净，伤口涂浓缩硫酸铜混合剂或沥青，然后回填干净土埋根。

（3）避免用有根病寄主树作荫蔽树。

（4）选用 0.5%～1% 铜制剂、20% 农用链霉素可湿性粉剂 3 000～4 000 倍液进行防治。

九、咖啡幼苗立枯病

1. 危害特点

咖啡幼苗立枯病是在咖啡育苗过程中常发生的一种重要病害。

咖啡幼苗立枯病在种植咖啡的亚洲、美洲、非洲国家普遍发生，我国各咖啡种植区均有分布。该病引起催芽床上咖啡幼苗倒伏枯死。特别是大规模育苗基地，出现成片幼苗发病死亡。该病除危害咖啡外，还危害茶叶、可可、橡胶等。

2. 症状及流行规律

（1）症状。发病初期幼苗茎基部或茎干上的病斑扩展，形成环状缢缩，造成顶端叶片凋萎，全株自上而下青枯、死亡。病部树皮由外向内腐烂，重者直至木质部。在病部长出乳白色菌丝体，形成网状菌索，后期长出菜籽大小的菌核，呈灰白色至褐色。

（2）流行规律。高温高湿，地势低洼，排水不良或淋水过多，苗床过分荫蔽，苗木拥挤，连作的土地或地表有很多枯死的植物残屑，这些因素都有利于立枯病发生，且蔓延迅速。

3. 防治措施

（1）苗圃地不连作，高畦育苗、避免苗圃积水。

（2）播种或扦插不宜过密，适当淋水。

（3）在播种覆土前或扦插前用代森铵、代森锰锌、多菌灵等杀菌剂喷洒畦面，进行土壤消毒。

（4）发现病苗及时清除，并喷药防治。可选用代森铵、代森锰锌、多菌灵、波尔多液等喷洒，控制病害的蔓延。

模块二　咖啡树主要虫害的防治技术

在我国咖啡产区，危害咖啡树的主要害虫有咖啡旋皮天牛、咖啡灭字脊虎天牛、咖啡木蠹蛾、咖啡根粉蚧、咖啡绿蚧、根结线虫 6 种。认识咖啡虫害的危害特点，掌握主要害虫的流行规律，选择恰当的防治措施，可取得较好的防治效果。

一、咖啡旋皮天牛

1. 危害特点

咖啡旋皮天牛在我国主要分布于云南、四川，国外主要分布于越南、缅甸和印度，以危害咖啡、喜树、云南石梓、木菠萝、蓖麻、驳骨草、臭牡丹、柚木属、水团花属、石榴属等植物为主。其幼虫旋蛀咖啡树干基部等皮层，整株呈现枯萎状，重者死亡，轻者来年不能正常开花结果，且需要很长时间才能恢复生势。

2. 危害症状及流行规律

（1）危害症状。被害植株外表呈螺旋状伤痕，叶片变黄下垂。

（2）流行规律。旋皮天牛在云南一年发生 1 代，以幼虫在寄主内越冬，越冬幼虫于翌年 3 月下旬开始化蛹，羽化后的成虫于 4 月上旬开始啮羽化孔飞出，并取食交尾和产卵，雌虫把卵产在主干树皮的裂缝内。3~4 树龄的咖啡树更容易受害，而树龄较老的咖啡树受害较少。

3. 防治措施

（1）清除野生寄主，保护天敌。

（2）适当的荫蔽环境能降低旋皮天牛的发生率。

（3）成虫未羽化前，即 3 月下旬用 1 份药剂（杀螟丹）、25 份新鲜牛粪、10 份黏土和 15 份水调成糊状涂刷树干基部以防止成虫产卵。

（4）5—7 月各用药剂喷施树干基部一次。可用杀螟丹、乐斯苯、毒死蜱等杀虫剂喷杀茎干木栓化部位。

（5）5—10 月进行人工捕杀，人工捕杀是最简单、最有效的方法。

二、咖啡灭字脊虎天牛

1. 危害特点

主要分布在亚洲咖啡产区。国内分布于海南、广东、广西、云南和四川。危害小粒种咖啡、芒果、波罗蜜及蜜花水锦等。其幼虫危害咖啡枝干。最初在形成层与木质部之间蛀食，进而将木质部蛀成曲折、纵横交错的蛀道，严重影响植株水分的输送，致使植株生势衰弱，外表枝叶枯黄，被害植株易被风吹折断；当幼虫蛀至根部时，植株失去再生能力而导致整株枯死。

2. 危害症状及流行规律

（1）危害症状。咖啡灭字脊虎天牛以幼虫钻蛀咖啡枝茎，先在树表皮下蛀食，随着虫龄增大，潜入木质部和髓部沿树心向上、向下蛀食，使咖啡植株枯萎易折断，若是向下蛀入根部，常导致整株枯死。

（2）流行规律。咖啡灭字脊虎天牛一年完成 2~3 代，由于越冬虫态和气温差异，田间世代重叠明显。但一年有两次成虫高峰期，即 4—5 月和 10—11 月。咖啡灭字脊虎天牛危害程度有一个蔓延累积过程，一般规律是 4 龄以上的咖啡树虫害才逐渐加重。靠近虫源寄主，咖啡虫害发生早且重，种植密度稀和栽培管理粗放的咖啡园虫害发生重。

3. 防治措施

（1）种植抗逆性强、高产、密集矮生品种，合理密植。

（2）采取复合栽培，适度荫蔽，可有效控制该虫产卵。

（3）加强咖啡园管理，采果结束后，对虫害枝干进行一次全园清除。虫害严重时在3—10月各用药剂喷施树干杀卵一次。

（4）人工捕杀。在成虫出现高峰期每天中午12点至下午2点捕捉成虫效果最好；在产卵和幼虫孵化高峰期，人工除去树干，可以减少虫口密度。

（5）清除野生寄主及园内虫源。保护天敌，发挥其生物防治的作用。

三、咖啡木蠹蛾

1. 危害特点

在我国分布于广东、海南、福建、四川和云南等省。危害咖啡、鳄（油梨）、可可、茶树和番石榴等经济作物和林木，幼虫危害咖啡树干或枝条，致使被害处以上部位黄化、枯死或受风折断。在德宏瑞丽靠近寄主的咖啡园其植株受害率可达12%~20%。

2. 危害症状及流行规律

（1）危害症状。幼虫先从枝条顶端的腋叶处蛀入，向枝条上部蛀食，3~5天内被害处以上部位出现枯萎，这时，幼虫会钻出枝条外并向下转移，在不远处节间重新蛀入枝内，继续为害，经多次如此转移，幼虫长大，于是又向下部枝条转移危害，一般是侵入离地15~20 cm的主干部。蛀入孔为圆形，常有黄色木屑排出孔外。幼虫蛀道不规则，侵入后先在木质部与韧皮部之间的枝条蛀食一圈，然后多数幼虫向上钻蛀，但也有少数幼虫向下蛀或横向蛀食。

（2）流行规律。咖啡木蠹蛾的寄主较多，在同一个地方因寄主不同，其生活习性也有差异。卵产于小枝、嫩梢顶端或腋芽处，卵单粒散产。每一雌虫平均产卵600粒左右，产卵期约2天，卵约在10天后孵化。

3. 防治措施

（1）经常检查，结合修枝整形，如发现虫伤枝，特别是幼嫩受害枝条，应从虫孔下方将其剪除并烧毁，以消灭枝中害虫。咖啡木蠹蛾幼虫钻入咖啡主茎蛀食通常会造成主茎折断，因此要及时杀灭虫卵和初孵幼虫。

（2）选用杀虫双、乐斯苯、毒死蜱等杀虫剂喷施树体。

四、咖啡根粉蚧

1. 危害特点

在我国分布于广东、海南、广西和云南，主要以若虫和成虫寄生在咖啡根部，初期先在根颈部2~3 cm处为害，以后逐渐蔓延至主根、侧根并遍布整个根系，吸食其液汁。植株根部受害部常出现一种以蚧虫的分泌物为营养的真菌，其菌丝体在根部外围结成一串串瘤疱，将蚧虫包裹保护起来，有利于其大量传播繁衍。根粉蚧严重消耗植株养分并影响根系生长，使植株早衰，叶黄枝枯。

2. 危害症状及流行规律

（1）危害症状。植株受害初期虽然不致枯死，但翌年则日趋衰退，不能正常开花结果，造成减产和品质下降，最后因根部发黑腐烂，导致整株凋萎枯死。而蚧虫除危害根部外，有时会在根部以上荫蔽较好的茎干部位，由蚂蚁搬土把其包裹保护起来，长达 20~50 cm，使咖啡树势减弱。

（2）流行规律。该虫害一般易在土壤肥沃疏松、富含有机质和稍湿润的林地发生。幼龄树与成年树相比受害更重。干旱年份该虫发生较重。该虫寄主较多，能危害胡椒、可可、芒果等，田间生长的草本植物有的也是其野生寄主。

3. 防治措施

（1）采取复合栽培，适度荫蔽。

（2）保护天敌，瓢虫对该虫的生物防治效果较好。

（3）咖啡苗定植时，用 0.3%氟虫腈颗粒剂拌土施入植穴，每亩施用量 1.5~1.8 kg。选用杀虫双、乐斯苯、毒死蜱等杀虫剂按标准配制后灌根，每株 200 mL。

五、咖啡绿蚧

1. 危害特点

咖啡绿蚧属同翅目蚧科害虫，广泛分布于整个热带地区。该虫害妨碍植株的光合作用，植株被害后生势衰弱，被害严重的幼果其果皮皱缩，果柄发黄，幼果未成熟即脱落，导致咖啡产量减少，质量降低，并诱发煤烟病。

2. 危害症状及流行规律

（1）危害症状。以若虫和成虫群集在咖啡嫩梢和叶背面吸取汁液，尤其以嫩部受害较重。除直接吸取寄主汁液外，其排泄的蜜露积在叶片上，诱致煤烟病发生。

（2）流行规律。干热河谷区咖啡绿蚧周年虫口数量随温度上升而上升，随温度下降而下降，受温度影响明显。咖啡抽生幼嫩枝叶期和花芽分化期，咖啡幼嫩组织较多，有利于咖啡绿蚧快速繁殖与扩散传播。

3. 防治措施

防治措施同咖啡根粉蚧，药剂防治方法是对咖啡树体进行喷雾。

六、根结线虫

1. 危害特点

咖啡根系常遭受多种线虫的侵害，对其造成不同程度的损失，是咖啡栽培中值得重视的一类灾害。据报道有 7 种危害咖啡的病原线虫，而短小根结线虫，广泛分布于拉美、非洲和亚洲种植区，我国云南的勐腊、瑞丽，海南的万宁、儋州也有发生。

2. 危害症状及流行规律

（1）危害症状。该病表现为植株生长缓慢，长势衰弱；若拔起植株，可以看到在根部须根上有许多瘤状突起物。

（2）流行规律。危害分布广泛且危害多种经济作物，移栽受害咖啡苗是根结线虫扩散传播的主要方式。

3. 防治措施

化学药剂灌根或药物埋施；清除染病组织，使用杀菌剂防治，选用阿维菌素 2 000 倍液灌根或每株 3~5 g 20%灭线磷颗粒剂穴施或沟施防治。

模块三　鼠害的防治

一、分布与危害

危害咖啡的老鼠主要是板齿鼠和黄胸鼠，也有常在竹林中活动的鼠吾鼠，（也称飞鼠）。板齿鼠个体大，体重 500~1 500 g，是危害咖啡树枝的主要鼠种。黄胸鼠既是家栖鼠，又能在村周农田活动，其喜食植物性及含水分较多的食物。由于其种群密度较高，因此对咖啡树和果的破坏也较重。飞鼠在树上行走，轻盈如飞，其活动范围广，主要危害咖啡植株高处的枝条。

小知识

咖啡园鼠害危害实例

在云南咖啡生产的早期，没有鼠害记录，最早报道的是1990年1月，在德宏瑞丽市的云南省德宏热带农业科学研究所和芒市遮放农场的个别咖啡园发生鼠害，危害率分别为19.9%和29.5%；1992年在思茅地区江城县国庆乡锣锅山咖啡基地也发生过鼠害，此后在云南咖啡种植区不同年份均发生过局部的鼠害。2011年12月，在保山驼峰咖啡庄园有限公司咖啡基地和潞江镇香树村1 300 m海拔的咖啡园发现鼠害，调查其中的一块受害地，测得危害率达到了18.2%。

二、发生规律

咖啡鼠害主要发生在果实成熟期，老鼠上树偷吃咖啡鲜果，也咬食咖啡枝，受害树下地面可见老鼠吃去鲜果皮后剩余的带壳豆；

对于未结果的咖啡树，老鼠喜欢在冬期旱季咬食营养丰富的翌年结果枝。被害树可见老鼠咬断食过的枝条挂在树上，枝条被咬处齿痕不明显，有点像修枝剪下的剪口，树下有老鼠咬食枝条后留下的碎渣。老鼠喜欢集中在一块地进行危害，严重时危害率能达到100%。

小知识

咖啡园鼠害发生的主要原因

长期经营的咖啡园已经形成了一个稳定的生态系统，给老鼠提供了一个相对稳定的食物源，也为鼠类创造了一个良好的栖息生态环境。长期生活在咖啡园的老鼠，为了种群的发展，已适应和依赖于咖啡园的生存环境。咖啡树营养成分比较丰富，翌年结果枝养分积累较高，成熟的咖啡果皮其糖分和水分含量都较高，而咖啡果实成熟期也处在秋冬干旱季节，其他食物越来越少，所以，咖啡果实和枝条就成为老鼠的食物源。鼠害发生较重的咖啡树都是靠近村寨和咖啡基地管理人员的生活区，这里食源丰富，并且常有空地种植红薯、芭蕉芋等作物，在这些作物收获前，老鼠有充足的食物，可供其大量繁殖，并在咖啡地埂和咖啡树下打洞筑窝。但随着饲料作物收获后可食的东西减少，老鼠开始上树咬食咖啡，造成产量损失。另外，咖啡园荫蔽度高，抗锈品种咖啡树枝叶茂盛，行与行之间的树冠交接相连，给老鼠提供了安全活动的场地。

三、防治方法

1. 避免在咖啡园内大量种植饲料作物，同时结合栽培措施，加强咖啡树的整形修剪，改善咖啡园的通透性，防止老鼠迁入咖啡园栖息为害，并捣毁田间鼠窝。

2. 注意保护老鼠天敌，如蛇类、鹰类等。

3. 对于害鼠种群密度较低、不适于进行大规模灭鼠的咖啡园，可以使用鼠铗、地箭、弓形铗等物理器械进行人工灭鼠。

4. 对于害鼠种群密度大、造成一定危害的林地，应使用化学灭鼠剂进行防治。化学灭鼠剂采用第二代新型抗凝血剂（如华法林、溴敌隆等），这类灭鼠剂对非爬行动物比较安全，无二次中毒现象，不产生耐药性，可以在防治鼠害中大量使用，但也应适当采取一些保护性措施，如添加保护色、采用小塑料袋包装等。

咖啡果成熟期是灭鼠的关键时期，每年进入9月在易发生鼠害的地块投药灭鼠效果显著，第一次放药后隔三个月再放一次，能取得较好的防治效果。

第7单元 咖啡初加工技能

咖啡初加工是形成商品豆的重要环节，加工规章制度是生产优质咖啡商品豆的保证。咖啡初加工过程能够提升咖啡豆的品质，也能破坏咖啡豆的品质，恰当的咖啡初加工方式可以较好地固化咖啡豆的品质，展现出咖啡独特的地域风味。咖啡果实的加工分干法加工、半干法加工、湿法加工三种。如图 7—1 所示为咖啡鲜果加工流程图。

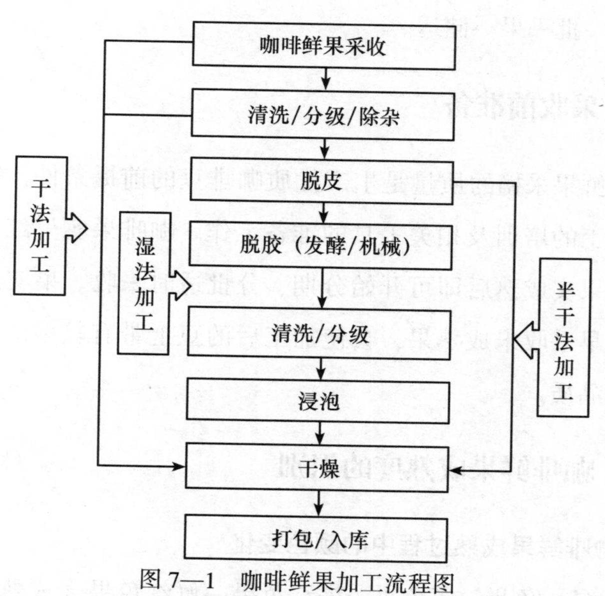

图 7—1　咖啡鲜果加工流程图

模块一　咖啡鲜果采收

咖啡鲜果的成熟期因各地气候、海拔等不同而有差异，我国咖啡产区的咖啡鲜果一般在 9 月至翌年 1 月成熟，高海拔地区成熟较晚。应在咖啡果实由绿转红时就开始采摘，做到随熟随采，到翌年 1 月底前须结束采摘工作，最后一次采果时应不分红色果、青色果全部采下，采果期采收的青色果一般不应超过 5%。

一、鲜果采收的流程

采收前准备→咖啡鲜果成熟度的识别→第一批采果→第二批采果→最后一批采果→储运。

二、采收前准备

咖啡鲜果采摘的质量是生产优质咖啡豆的前提条件，采收前应做好采果工的培训及相关工具的准备工作。咖啡果实呈红色为成熟的标志，果实成熟后即可开始分期、分批适时采收。果实过熟会落果，而过早采收未成熟果，会使加工后的豆上带有较多的银皮，影响咖啡的品质。

三、咖啡鲜果成熟度的识别

1. 咖啡鲜果成熟过程中的颜色变化

青（绿）色果→黄色果→橘红色果→鲜红色果（成熟）→紫红

色果→紫黑色果→干果。

2. 不同成熟度果实的特性

（1）青色果、黄色果。此类果为不成熟果，其脱皮难度大，籽粒不饱满，营养储藏不充分，晒干后豆皮皱缩，品质差，带青草味，且脱皮时易受机械损伤，因此青色果、黄色果严禁采收，但最后一批下树的果除外。

（2）橘红色果、鲜红色果、紫红色果。此类果为成熟果实，籽粒饱满，营养物质储存充足，果肉软滑，用手指轻轻挤捏就可将咖啡豆脱出果皮。脱皮时机损少，脱皮较彻底、干净，加工质量好，因此是采收的主要对象。

（3）紫黑色果、干果、病果。紫黑色果、干果为过熟果，由于采收不及时或采收时被遗漏，使其长期挂在树上导致果皮失水皱缩、发酵以致全干的成熟果实。病果指果皮已变红色，但由于在生长过程中受到病菌感染，在果皮上形成病斑的果实，以上三种果实机械脱皮难，且易造成机损，应单独存放，采用干法加工。

咖啡种植台面高 1.5~2 m，适宜人工采摘鲜果。如果采摘不分级，将好果和病虫果、干果等混合采收，易造成初期的优质鲜果等级降低。

四、第一批采果

咖啡果开始成熟时进行第一批采果，将咖啡树上所有的过熟果、干果、病虫果采收完成，进行干法加工，目的是提高第二批采果的质量和效率。

五、第二批采果

第二批采果是采摘成熟的鲜果，采用湿法加工，采果期约 100 天。

六、最后一批采果

最后一批采果是采摘树上的所有果实，并进行干法加工。

七、储运

小知识

咖啡果实只有适时进行采收，才能保证其产量和质量，当果实呈金黄至鲜红色时为最适采收期。如已变得紫红或干黑则为过熟果，过熟会影响咖啡商品豆的色泽和品位，如果果皮尚绿或微黄则属未成熟果。小粒种咖啡的收采期较集中，应随熟随收。采收时要逐个进行，不得将果穗全部摘下来，以免影响果节次年花芽的形成及开花结果。

运送鲜果的车厢要清洗干净，不得有肥料、农药、动物粪便、有机肥等有异味的污染物，同时不得和有异味的物品混运。当天采收的鲜果应当天加工完毕，最好在 8 小时之内完成，如果遇机械损坏或数量太大无法在当天加工时，可将果倒在储果池内，并放清水浸泡，以达到保鲜的目的。

模块二　咖啡初加工技能

小粒种咖啡以湿法加工为主，其主要优点是可以缩短加工时间、商品咖啡豆的质量好，品质稳定。

一、咖啡湿法加工的流程

加工设施、设备的准备→鲜果采收→清洗/分级/除杂→脱皮→脱胶→清洗/分级→浸泡→干燥→打包/入库。

小知识

咖啡湿法加工又称水洗式加工，由荷兰人于1740年发明，就是将鲜果水洗、浮选、脱皮、脱胶、干燥后得到带壳干豆，带壳干豆经脱壳、风选、分级即成商业豆。湿法加工在消耗大量水的同时也产生了大量的污水，生产1 kg生豆需要50～100 kg的水。湿法加工的豆子其杯品酸度高（水洗豆的酸是柠檬酸、苹果酸或刺激性醋酸），且较干法加工的咖啡黏稠度、甜度、个性风味略低。

二、咖啡湿法加工技术要点

1. 加工设施、设备的准备

（1）加工设施。虹吸池、发酵池、洗豆池（槽）、浸泡池、废水（皮）处理池、晒场、仓库等。

（2）加工设备。鲜果分离机、脱皮机（或脱皮脱胶组合机）、干燥机及其配套设备。

（3）其他条件。充足的清洁水源。

2. 鲜果清洗、分级、除杂

鲜果在加工前应除去枝、叶等杂物并进行分级。分级方法主要有以下 3 种：

（1）浮选分级。此法是用水将鲜果进行分级，目的是除去干果、病果和较轻的杂质。

（2）粒径分级。此法是按一定孔径大小特制成的筛子，把大小不同的果实分开，以方便调节脱皮机间隙，达到提高脱皮机脱净率的目的。

（3）成熟度分级。在脱皮前把青色果、病果、干果、过熟果分出，以利于提高成品豆质量。

3. 脱皮

脱皮是指用机械将果皮除去，以利于脱除果胶。当天采收的果实应当天脱皮，若堆放时间过长，则会由于果实的代谢作用而导致豆在果皮内发酵，影响豆的质量。脱皮机应调节适当，使进料和脱皮效果理想，以免弄破种皮甚至切破种仁，否则会使咖啡豆在发酵脱胶时破损的部位变色，降低产品质量。

4. 脱胶

脱胶的方法有发酵脱胶和机械脱胶两种。

（1）发酵脱胶。发酵：内果皮上的黏液是由糖、酶、原果胶质和果胶脂组成的一种有机物质，通过细菌作用进行自然发酵可将其溶解，以便于清洗。另外，发酵时的“浸泡”也能使咖啡豆的各种成分相互渗透，提高产品的均匀度。发酵在发酵池内进行，发酵池可用砖和水泥建造。其数量和大小应根据果实的产量来确定。影响发酵的主要因素是气温和果实的成熟度。一般来说，气温高则发酵时间短，气温低则发酵时间长。过熟咖啡发酵快，而未成熟咖啡则需要较长的发酵时间。发酵的方法有湿发酵和干发酵两种。

湿发酵：将经过脱皮后的豆堆放在发酵池中，加水把豆淹没，使其自然发酵。加水不宜过多，以高出豆面5 cm左右为宜。发酵快慢受气温影响，气温高则发酵快，一般需1～4天。此法需要的时间稍长，但发酵均匀，豆的颜色好。在实施湿发酵时，利用浮选法将漂浮在上层的不饱满豆取出单独发酵和晾晒。

小知识

发酵程度的控制是十分重要的，而发酵是否完全主要是凭经验判断。检查发酵是否合适，可将豆从发酵池中取出，手搓豆子有粗糙感时，则达到了发酵要求。发酵不足的豆水洗后仍有果胶残留其上，咖啡干燥后豆壳呈黄色，有生青味，而发酵过度的咖啡则有一股臭洋葱味。

干发酵：将经过脱皮后的豆堆放在发酵池中，不加水使其进行自然发酵，可用塑料薄膜覆盖保湿。此法温度高，时间短，发酵快，但均匀度稍差，且容易发酵过度，导致酸味大，豆的颜色比湿发酵法差。在气温较低时，也可采用先干发酵一天，后半段采用湿发酵法，这样可克服单独发酵法的不足，并综合了两者的优点。

提示

发酵过程应注意的事项：第一，发酵池及用水要清洁；第二，要经常检查发酵是否达到要求；第三，发酵池要适当遮盖；第四，每天翻动2～3次；第五，鲜果质量差异较大的豆要分别发酵。

（2）机械脱胶。用脱皮机脱皮，脱胶机脱胶，或用脱皮脱胶组合机同步脱皮脱胶，从而获得带壳湿法咖啡豆。脱皮脱胶时要注意调节好设备各个闸阀的注水量，并做到进料均匀，使各个环节能够很好地协调工作，保证生产顺利进行。机械脱胶干净与否的判断方法与发酵脱胶相同。

小知识

机械湿法加工与普通湿法加工最大的区别在于脱胶环节，机械湿法加工采用的是机械脱胶，而普通湿法加工采用的则是发酵脱胶。机械湿法加工能用机械一次性完成对咖啡鲜果的脱皮脱胶而进入干燥工序，从而省去了发酵时间、发酵后清洗的人力，节省了脱胶洗涤的用水等。还可避免因发酵程度控制不当而导致的产品质量下降及加工时的机损豆变色，从而大大降低了次品率，提高了经济价值，进而降低了咖啡豆的拣杂难度，提高了产品的附加值。

5. 清洗、分级

清洗可洗去残留在豆壳表面上的果胶和其他残渣。用清洁水进行清洗，在洗豆池（槽）中充分搅拌搓揉，将豆粒表面的果胶漂洗干净，这样，咖啡豆干燥后的豆壳会变得洁白、质量好。在洗豆的同时还要注意把空瘪的漂豆捞出来分别晾晒，并在后续加工过程中分开处理，确保咖啡豆质量整齐一致。

6. 浸泡

将洗涤后的咖啡豆置于清水池中浸泡 12 h，换水 1~2 次，当浸泡的水变得浑浊时即可换水。浸泡能使成品的杯品质量更加均匀，同时会减弱生青味。浸泡时加水不宜过多，以高出豆面5 cm 左右为宜。浸泡结束后，再用清水将咖啡豆冲洗一下可使带壳豆的颜色更好。

7. 干燥

洗干净的带壳豆其含水量为 52%~55%，需通过干燥将豆的含水量降低到 10%~12%，方可长期储藏。咖啡豆干燥最经济有效的办法就是利用太阳光，但对收获期雨季尚未结束的地区，则需借助机械进行干燥。小粒种咖啡的干燥过程共分六个阶段。小粒种咖啡豆干燥各阶段的外观特征和含水量见表 7—1。

表 7—1　小粒种咖啡豆干燥各阶段的外观特征和含水量

干燥阶段	咖啡豆外观特征	含水量
表皮干燥阶段	咖啡豆全湿，咖啡豆呈白色	45%~55%
白色干燥阶段	豆表皮已干，豆与内果皮间无水，咖啡豆呈灰白色	33%~44%
软黑阶段	豆外观呈黑色，但豆较软	22%~32%
中黑阶段	豆外观呈黑色，但豆较硬	16%~21%
硬黑阶段	豆外观呈黑色，但豆全硬	13%~15%
全干阶段	豆外观呈绿色	10%~12%
过干	豆外观呈黄绿色	10%以下

第一干燥阶段（表皮干燥阶段），咖啡最容易变酸或出现臭洋葱味，因此在洗净豆或将豆从浸泡豆池取出后，必须将豆的含水量尽快降低到 45% 以下，晾晒时要将豆粒摊薄，厚度一般以不超过 5 cm 为宜，无论是采用晒场还是晒架都必须经常搅翻，否则会出现豆颜色不一致，甚至还会引起豆重新发酵，造成臭豆。

第二干燥阶段（白色干燥阶段），第一干燥阶段完毕后，种壳与咖啡米之间不再有水，因此，必须防止太阳暴晒，以免造成种壳炸裂。在中午温度最高时要适当荫蔽，或增加摊晒层厚度并增加搅动次数。这个阶段约需 2~3 天时间。

第三干燥阶段（软黑阶段），此阶段的咖啡豆已经半干，阳光射线能够穿透种壳进入豆内从而引起必要的化学变化。

第四干燥阶段（中黑阶段），咖啡米已经变得较为坚硬，颜色变深。这个时期的咖啡可晒厚点，并可以作短时储存。

第五干燥阶段（硬黑阶段），干燥可快速进行，必要时可使用烘干机。这个阶段咖啡内部水分分布均匀，装袋储存可长达一个月而不会降低质量。

最后干燥阶段应将咖啡水分含量降到10%～12%，最适宜的水分含量是11%～12%。

咖啡的干燥是一个不可逆的生产过程，干燥工作一旦开始就不能再让咖啡回潮，否则会造成大量的坏豆，如海绵豆（白豆）、黑豆等。

（1）阳光干燥。阳光干燥是经济而生态的干燥方法。在干净的晒场把不同级别的带壳豆和干果分开晾晒，干燥程度不同的带壳豆也需要分开晾晒，从而有利于分批、分级入库。

采取阳光干燥法应注意每天勤翻豆。干燥时间受日照长短、气温高低、空气流动程度、空气湿度等因素的影响。带壳豆的日晒时间为7～20天，干果的日晒时间为15～20天。刚洗好的带壳豆含水量为52%～55%，当咖啡豆和果的含水量达到13%时，就要用卫生无异味的袋子将其包装入库。豆和果在晾晒的过程中要避免因露水或雨淋引起的质量下降。优质带壳豆的特征是清脆、白亮、饱满、干果皮少。

（2）机械干燥。在气候条件不好的情况下，往往采用烘干机干燥咖啡豆。对小粒种咖啡的干燥需要缓慢进行，采用烘干机进行烘干时，温度通常要控制在45℃，以便水分逐步散发。温度不能超过50℃，否则会将咖啡烤焦，或使种壳收缩，内部水分不易扩散而影响质量。一般优质小粒种咖啡都需要太阳晒，若采用烘干机烘干，亦应让太阳晒一段时间，以提高质量。

三、其他初加工方法

1. 干法加工

1740年以前，小粒种咖啡鲜果均采用干法加工或自然加工，也就是将咖啡鲜果直接干燥，当果实在摇动时有响声说明果实已干，这时就可入库保存，脱果皮，筛弃杂质，分级成商业豆了。干法加工的豆子其脂肪、酸物质（氨基丁酸可缓解压力和降低血压且不刺激嘴）与糖类（葡萄糖和果糖）的含量均明显高于水洗豆，杯品黏稠度高、甜度强，味谱变化幅度较大，能生产特有香气的豆，如茉莉花香、肉桂、豆蔻、丁香、松杉、薄荷、柠檬、柑橘、草莓、杏桃、乌梅、巧克力、麦茶、奶油糖香等；但这种干燥法也容易使人感受到土腥、木质、皮革、榴莲、药水、豆腐乳、漂白水、药水、洋葱和鸡屎等杂味，使咖啡豆颗粒大小不均、偏软、欠缺丰富的酸味。干法加工需要干燥的时间较长。

2. 半干法加工

1990 年以后，巴西发明了半干法加工，就是将湿法加工中的带胶豆晒干后经脱壳、风选、分级即成商业豆。在湿度大的产区不适宜采用半干法加工。

3. 蜜处理

2000 年以后，巴西改良了半湿法加工，称为“蜜处理”，巴西的喜拉多产区最早应用此方法，将脱皮后的咖啡豆直接干燥而成。果胶附着在带壳豆上进行干燥能增加甜味和蜂蜜般的风味，蜜处理带壳豆其颜色暗沉、没有新豆的绿色，但口感具备缓和的酸味、充沛温和圆润的口感、蜂蜜般的甜味，豆子较软、容易烘焙、能打造丰富的香气和香气的浓厚度，若处理得当，则有香甜浓郁的水果味。蜜处理的优点是易产生蜂蜜的甜味，延长余味的停留时间，纯厚度与鲜味等口感丰富，缺点是无法强调酸味（酸味没有湿法加工显著），易回潮，粘手费工。蜜处理还可细分为以下几种：

（1）巴西蜜处理。鲜果水浮选→脱果皮→水洗 1 h→平铺高架网床暴晒。

（2）红蜜处理。果胶清除 20%以下→平铺高架网床干燥→带壳豆红褐色。

（3）黄蜜处理。果胶清除 50%以上→平铺高架网床干燥→带壳豆黄褐色。

（4）中美洲蜜处理。鲜果脱果皮→平铺高架网床暴晒（每隔几小时翻动一次豆子，使其干燥均匀）。

4. 抛湿法加工

抛湿法加工就是鲜果脱皮→带壳豆浮选→重豆干发酵几个小时（时间长酸味高、时间短黏稠度高）→带壳豆暴晒 1~2 天（含水量 30%~50%）→豆体半硬半软→脱壳→阴干豆 2~4 天（含水量 12%~13%），生豆为蓝绿色。

印尼亚齐的稀布里多蒂莫和苏门答腊曼特宁豆就是用此方法加工的，其豆深绿色，有特殊的风味。优点是活化糖分、蛋白质和脂肪的新陈代谢，为咖啡增加芳香物，杯品浓厚、低酸、甜美；缺点是带壳豆脱壳时，豆子受压易出现羊蹄豆，杯品酸味高，还会出现霉土味。

模块三　带壳咖啡豆脱壳加工与储运技能

一般带壳咖啡豆或者干果含水量在 10%~12%时即可经加工得到商品咖啡豆。

一、带壳咖啡豆加工工作流程

带壳咖啡豆→去石除杂→脱壳→颗粒分选→重力分选→色选（分拣异色豆）→打包/入库（见图 7—2）。

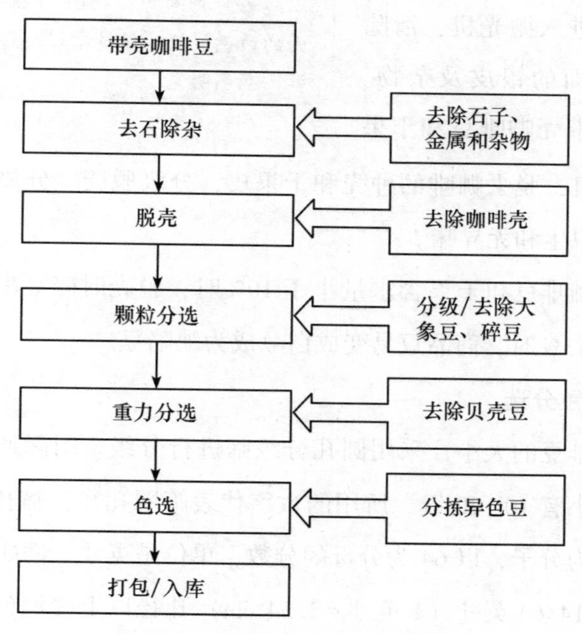

图 7—2　带壳咖啡豆加工流程图

二、带壳咖啡豆加工技术要点

1. 去石除杂

在脱壳前须对咖啡豆进行前处理，以除去石子、金属和杂物，否则容易损坏咖啡豆脱壳机。也可采用去石机去石除杂。

2. 脱壳

脱壳机既有大型专用脱壳机，也有小型碾米机（铁刀片改换硬木刀片）。国外专业咖啡脱壳是由脱壳机和抛光机共同完成的。咖啡进入脱壳机后被脱去壳及部分银皮，脱壳后的咖啡进入抛光机，清除咖啡米表面的银皮及杂物。干燥好的带壳咖啡豆和干果通过脱壳机，脱去咖啡的种壳和干果皮，分级脱壳、分级包装。包装物要求卫生和无异味。

小知识

商品咖啡豆（Green bean），俗称咖啡米。优质商品咖啡豆的特征是含水量为10.5%~11.5%，绿/蓝色，缺陷豆越少越好。种沟（Testa）（咖啡豆扁平面的白色裂缝）保持完好，扁平面有裂缝，颜色明亮。

带壳咖啡豆和干果含水量小于10%时，脱壳时碎豆率高。而含水量大于13%时，商品豆易变成白豆成为缺陷豆。

3. 颗粒分选

按咖啡豆的大小，采用圆孔分级筛进行分级。国际通行的小粒种咖啡大小有10~20级，所用的数字代表筛网孔径，筛孔直径是以该级数字为分子，以64为分母的分数，单位是英寸。例如，14是指可以通过14/64英寸（1英寸=2.54 cm）孔径以上筛网的咖啡生豆（见表7—2）。

表7—2　　　　国际分级标准与筛孔直径对照表

国际分级标准	10	11	12	13	14	15	16	17	18	19	20
筛孔直径（mm）	4.00	4.36	4.76	5.16	5.56	5.95	6.35	6.75	7.14	7.54	7.94

4. 重力分选

由于咖啡的生长环境、海拔高度不同，咖啡豆的密度和质量也不同，因此可采用重力分级机和风选分级进行分级，同时可去除贝壳豆。

5. 色选（分拣异色豆）

通过咖啡专用色选机和人工分拣去除咖啡缺陷豆，咖啡缺陷豆会对咖啡杯品质量有严重影响。

咖啡豆缺陷的产生主要是由大田生产的缺陷、鲜果初加工产生的缺陷、带壳咖啡豆加工产生的缺陷、仓储产生的缺陷等几个环节引起的。缺陷豆对杯品的影响力见表 7—3。

表 7—3　　缺陷豆对杯品的影响力

缺陷豆名称	原因	对杯品质量的影响	产生环节
蝽象危害豆	蝽象吸吮青色果果汁	非常高	种植
琥珀豆	土壤缺铁；土壤 pH 值高	中	种植
薄片豆	豆子发育的自然缺陷	中	种植
霜冻豆	霜冻	非常高	种植
未成熟豆	无荫蔽；干旱；缺肥；病虫害	中~最高	种植
皱缩豆	干旱；果实发育不良	低~中	种植
黑豆	病虫害；干旱；熟果落地过度发酵；干燥差	中~高	种植/初加工/储运
棕色豆	干燥时间长；过熟果；霜害；黑果	非常高	种植/初加工
腊质豆	过熟果；发酵时受细菌危害；干燥时间长	高	种植/初加工
银皮豆	干旱；未成熟豆；发酵时间不足；干燥时间长	中	种植/初加工
踩裂豆	晒豆时被踩裂；未干脱壳	中~高	初加工
果皮豆	不成熟；过熟；鲜果部分变干不能脱净果皮	高	初加工

续表

缺陷豆名称	原因	对杯品质量的影响	产生环节
臭豆	二次发酵；污水；鲜果脱皮不及时；干燥	非常高	初加工
带壳豆	脱壳机调校有问题	高	初加工
干果	鲜果不分级	非常高	初加工
机损豆	脱皮机调校不好；鲜果未分级脱皮	中	初加工
异色过干豆	过度干燥	中	初加工
酸豆	鲜果脱皮不及时；过度发酵；污水；仓库潮湿	很高	初加工/储运
花斑豆	回潮；干燥不均匀	中	初加工/储运
陈豆	仓储时间长；仓储条件差	中~高	储运
白豆	仓储或运输中受细菌危害	中~高	储运
霉豆	仓储或运输中受霉菌危害	非常高	储运
仓储虫害豆	咖啡象甲等	中~高	储运
海绵豆（白豆）	仓储或运输中变质	低~中	储运
碎豆	脱壳机调校问题，含水量过低	低~中	初加工

6. 打包、入库

经分级后的咖啡豆可进行包装。须用牢固、干燥清洁、无异味的麻袋或编织袋包装。存放咖啡豆的仓库必须干燥，通风良好。须经常检查，认真做好防霉、防虫等工作。运输时要防止受潮或暴晒，运输车辆要符合食品卫生要求，不得与有异味的物品混运，也不得用货仓有异味的车辆运输。按 NY/T 1056—2006《绿色食品　贮藏运输准则》的规定执行。

三、咖啡豆仓储技术要求

1. 温湿度与仓储

仓储必须达到以下条件：带壳咖啡豆的含水量低于 11%（空气相对湿度 50%～70%，温度低于 20℃）或者干果的含水量低于 11.5%（空气相对湿度 50%～63%，温度低于 26℃）才能保证咖啡储藏 6 个月质量不变。

2. 温湿度对咖啡豆质量的影响

（1）当温度超过 25℃，空气湿度超过 67%时，咖啡的含水量将慢慢达到 12%～13%，此时，咖啡将可能发霉或变黑。

（2）当仓库空气相对湿度超过 74%时，平衡相对湿度所对应的咖啡含水量约为 13%；当空气相对湿度超过 85%时，咖啡将会产生细菌并发酵，其受害程度与仓储时间、空气相对湿度有关。

（3）当咖啡豆含水量低于 11%时，霉菌生长和酶的活性最小，但咖啡豆的含水量低于 10%时，碎豆率会增加。

3. 咖啡豆仓储应注意的问题

（1）咖啡豆存放的仓库必须清洁、干燥，且通风良好，无漏雨现象。

（2）地板要做防潮处理，地面最好铺一层木板，咖啡豆不能直接与地板和墙壁接触，避免咖啡豆吸湿回潮。

（3）不得与化肥、农药等有强烈气味的物品共同存放在同一仓库内。

（4）咖啡豆需由专人管理，避免鼠害和虫害，并定期做好抽检。

（5）在咖啡的含水量为12%时，相对平衡的温度和湿度是仓储的最佳条件。最理想的空气相对湿度是50%~63%，最理想的温度是在20℃以下。咖啡豆最好带壳储藏，储藏时间一般不宜超过6个月。

（6）储藏室的每袋咖啡都应是同一等级、同一季节的商品豆或带壳豆。储存时要分级堆放，不能把变质的咖啡豆与好咖啡豆堆放在一起或同一间仓库中。

第8单元

咖啡品质与质量控制技能

咖啡生产的特点在于咖啡鲜果不是最终产品，需要经过加工并塑造品质才能进入市场。在咖啡交易过程中，必须对咖啡豆的品质进行评价从而确定其品质及价格，正确的检验与杯品，能准确无误地执行“好咖啡好价格、次咖啡次价格”策略，避免发生品质纠纷。通过对咖啡品质的评价，可以对其进行控制。咖啡品质与质量控制是实践性很强的技能，紧密结合生产实践，注意积累经验，并记录形成经验型的理论，多杯品、多进行理化操作、多参加专业生产，把生产上出现的咖啡的特点、外形、色、香、味形成记录和记忆，为咖啡杯品的准确性打下基础。咖啡品质与质量控制对咖啡生产起着指导和促进作用，对科学研究起到客观评定作用，是咖啡生产的中枢，每个加工环节都与品质密切相关，通过对咖啡品质的评价，发现种植、加工、仓储等环节存在的问题并提出改进方法。

模块一　咖啡品质的评价技能

一、咖啡品质评价的工作流程

咖啡豆品质的评价包括生豆审评、杯品鉴定及生化指标的检测三个方面。

1. 生豆审评工作流程

咖啡豆取样→外观质量鉴定→含水量测定→粒径分级→缺陷测定→结论。

2. 杯品鉴定工作流程

咖啡豆取样→烘焙→研磨→冲泡→品尝→结论。

3. 生化指标检测

咖啡豆取样→生化指标检测。

二、生豆审评技术要点

1. 咖啡豆取样

（1）取样的流程。记录入库的咖啡批次→重量（袋数）→按规定抽取小样并混合均匀→编写样品标签→将各袋的混合样和标签同时放入样品袋。

（2）取样注意事项

> **小知识**
>
> 取样又称扦样、抽样或采样，是从一批咖啡豆中抽取能代表本批咖啡豆品质最低数量的咖啡豆样，取样是否正确，能否具有代表性，是保证审评、检验结果准确与否的关键。

1）取样时如发现受损袋应将其与该批豆分开，对其单独取样并记录和保存；受损袋指被撕裂、沾污、弄脏或其他可察觉到的损坏，表明袋中的咖啡生豆可能受到损害。

2）如果样品袋数少，需要在每袋中抽取 3 个以上的小样以使样品重量不低于 1 500 g。

3）取样袋用无异味的容器。

4）取样器插入袋口时应向上倾斜进入，以便于豆子顺利地流出，加快取样速度。

5）天气异常，阴雨天，空气湿度大或周围有异味时不宜取样。

6）取样时如发现咖啡生豆质量、包装质量、堆放地点等有异常情况，应增加取样量或停止取样。

7）测定不受水分含量变化影响的质量特性时，应分开取样并把样品放在空气能流通的合适容器中。

2. 样品的处理和保管

（1）取样后应尽快进行生豆审评、杯品及送检。

（2）需留 3 份杯品合格的样品并注明样品编号：一是留存样品 500 g；二是出口检验检疫样品 300~500 g；三是客户样品 500~1 000 g。咖啡生豆销售离开原产地，样品应放入带有密封盖子的防水容器中，并贴上标签。

（3）将所有存留样品按时间顺序整齐地放置于阴凉、干燥、无味的货架上。

（4）当仓库所有咖啡豆销售结束后，应清除存留样品。

3. 外观质量鉴定

（1）方法。生豆外观品质评价方法：打开包装袋→观生豆粒大小和饱满程度→观生豆粒颜色→闻生豆气味→生豆量化评定。

首先进行样品的嗅觉检验，然后进行其他检验。嗅觉检验的方法：把样品标签上的资料记录在表格上，然后打开包装，将鼻子贴近整个样品并深呼吸。

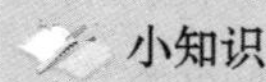
小知识

咖啡生豆评审指标：咖啡豆的形状、大小、整齐度、色泽、气味、缺陷豆及异物等。正常带壳咖啡豆外观：清脆、白亮、饱满。正常咖啡豆外观：颜色浅绿、浅蓝，种沟颜色明亮、扁平有裂缝，颗粒均匀等。

（2）评定。鉴别气味，记录如下：①“气味正常”，表示有生青味，无臭味或异味；②“气味异常”，表示有臭味或异味。如果异味能得到确认，应对异味进行描述。如果怀疑气味异常，需将实验室样品装在清洁无异味的容器中；样品装至容器的一半时密封容器，在室温下至少放置 1 h，然后打开容器，重新进行评定。

（3）肉眼检验。用电子秤称取 100 g 生豆，在漫射日光或尽可能接近日光的人造光下，将嗅觉检验合格的样品摊放在黑色或橙色的平板上。评定咖啡品种及初加工方法，咖啡的植物学来源：注明小粒种 Arabica coffee、中粒种 Robusta coffee 等。判定整体颜色：注明浅蓝色、浅绿色、浅白色、浅黄色或浅褐色等颜色和均匀性。

4. 测定含水量

按照 ISO 1446—2001《生咖啡　水含量的测定（基准参照法）》的规定测定生豆水分含量。使用咖啡豆专用水分仪测量咖啡豆的含水量，使用前要认真阅读水分仪说明书，并由专人操作。生豆含水量为 9.5%～12.0%时符合质量标准。

5. 粒径分级

使用样品分级筛，筛网应按孔径从大到小依次叠放。称取的 100 g 生豆样品倒在最上面的筛网上，用手轻轻搅拌豆子，边搅拌边轻轻地抖动筛网，搅拌完毕后，应用力抖动筛网，以便让松挂在筛孔上的豆子掉下来，不能掉下的豆子则被视为不能过筛的豆子。每次筛豆结束后，要将每个筛网上的豆粒取下称重（精确到 0.1 g）；再将接豆盘上的小豆取下称重（精确到 0.1 g）。在过筛时，如果发现有杂质、瘪壳或碎豆应做好记录。

6. 缺陷测定

称取 100 g（精确度为 0.1 g）混合样，将其倒入分拣盘，对异物、异色豆、碎豆三大缺陷豆进行分拣，然后分别装入不同的容器并称其重量，将杂质、异色豆、碎豆分类并称量（精确到 0.1 g）。

（1）碎豆。碎豆泛指豆粒大小不完整的咖啡生豆。造成碎豆的原因有三个方面：一是鲜果脱皮或脱胶时造成机械损伤豆，二是带壳豆脱壳至色选过程中造成的机械损伤，三是咖啡品种本身大象豆比例高，初加工环节易造成大象豆破碎。碎豆的杯品口感为焦苦味。

（2）异色豆。异色豆泛指咖啡豆粒颜色非浅蓝/浅绿色的缺陷豆子。异色豆中并非所有的豆对杯品都有严重影响，只有黑豆、棕色豆、霉豆、虫蛀豆等严重影响杯品，其口感有霉味、恶臭味、苦味、酸馊味、涩味、化学味、木味、泥土味、化合物味、青草味等。生豆易分辨异色豆，熟豆则分辨困难。

（3）异物。异物指不是咖啡浆果中原有的矿物质和动植物残留物质，包括咖啡干果壳和带壳豆的皮。异物会造成泥土味、谷物味、木味等。

7. 结论

杯品评价参考表 8—1 和表 8—2，对不合格的样品应再次进行初加工处理。

表 8—1　　生豆外观和气味特性指标

项目	指标		
	一级	二级	三级
气味	气味生青，无异味	气味生青，无异味	有异味
外观	颜色浅蓝/浅绿，豆粒大小均匀	颜色浅蓝/浅绿，豆粒大小不均匀	颜色浅蓝/浅绿/不正常，豆粒大小不均匀

表 8—2　　物理特性指标

项目	特级（6.7 mm）	一级（6.0 mm）	二级（5.6 mm）	检验方法
粒度（%）≥	95	95	95	ISO 4150
碎米（%）≤	5	10	15	GB/T 15033
异色米（%）≤	0.5	2.0	3.0	GB/T 15033
异物（%）≤	0.1	0.2	0.3	GB/T 15033

注：碎米、异色米、异物指标均为实测值。

三、杯品鉴定

咖啡杯品鉴定是采用标准化烘焙、萃取（冲泡）与品尝方式，通过嗅觉、味觉与触觉的经验值，将咖啡香气、滋味及口感等感官品质，用文字说明并量化评分，完成咖啡品鉴工作。评定指标包括香气、风味、回味、酸度、醇度、平衡度、一致性、干净度、甜味、个性及异味等。

咖啡烘焙豆的外观和感官特性应符合表 8—3 的要求。

表 8—3　　咖啡烘焙豆的外观色泽和感官特性要求

项目	要求		
	一级	二级	三级
感官	香气浓郁，无异味，品味和口感都很好（杯品一级）	香气好，无异味，品味和口感都较好（杯品二级）	香气稍差，品味和口感都较差（杯品三级）
外观色泽	浅焙，色度仪测量咖啡粉的色度值为 117 CTN～123CTN；或 SCAA 比色卡咖啡粉#65、咖啡豆#55		

四、生化指标的检测

将样品送当地检验部门进行检测，检测项目包括水分、水浸出物、总糖、粗脂肪、灰分、咖啡因、蛋白质、粗纤维及农残和重金属指标的测定。商业贸易采用生豆评价和杯品评价，同时进行内含物质检测分析。

模块二　咖啡质量控制

一、影响咖啡质量的因素

影响咖啡豆品质的因素分内在因素和外在因素。内在因素由咖啡豆的种类和栽培品种决定；外在因素与咖啡种植的环境条件、初加工技术、干燥技术、储运等环节密切相关。只有每个环节都“用心”操作，才能生产出合格的商业豆。精品咖啡是选用特定的品种种植于特定的环境条件下，采用适宜的初加工技术、特定的烘焙与冲泡等技术得到的。精品咖啡一般种植面积小，总产量有限。品种是决定性因素，种植环境是最核心的因素。

1. 品种

不同小粒种咖啡品种间因遗传性状不一样，不同品种的小粒种咖啡产出的咖啡豆在外在指标（豆形、色泽、大小、密度）及内在指标（杯品品质、内含物质）方面存在较大的差异性。

近300多年来，各国咖啡育种专家一直致力于通过种间杂交提高新品种的抗性和产量，自2000年以后，人们对咖啡品质提出了更高的要求，选育新品种的另一个方向性重点在于“让人记住美味”“香气让人印象深刻”及“独特性”方面。在咖啡栽培历史中，大面积发展种植的主要品种有18世纪的铁皮卡（Typical）品种，19世纪的波邦（Bourbon）品种，1950年的卡杜拉（Caturra）品种，1970年的卡蒂莫（Catimor）品种，2005年的卡杜埃（Catuai）、帕卡马拉（Pacamara）、瑰夏（Geisha）品种。

在美国精品咖啡协会（SCAA）和超凡杯（COE）杯品赛中表现卓越的主要品种有铁皮卡（Typical）、波邦（Bourbon）、瑰夏（Geisha）、黄波邦（Bourbon Amarelo）、蒙多诺沃（Mundo Novo）、卡杜拉（Caturra）、帕卡斯（Pacas）、卡杜埃（Catuai）、薇拉莎奇（Villa Sarchi）。其中，卡蒂莫（Catimor）系列品种在杯品赛中还未有突出表现。

2. 环境因素

咖啡豆的品质和“地域性”是分不开的，即使同一品种在不同的环境条件下也很难生产出同样品质的咖啡豆。影响咖啡豆品质的环境因素主要有纬度、海拔、气候、土壤、水质等方面。品质卓越的咖啡和种植地往往是联系在一起的，如牙买加蓝山咖啡（生长于 1 500 m 以上的蓝山山脉）、夏威夷科纳咖啡（生长于夏威夷，四周临海、土质肥沃）、肯尼亚咖啡（生长于 1 500 m 以上的高海拔地区）等。纵观全球精品咖啡种植区域的环境都具有高海拔、火山或石灰岩或花岗岩土质、高温时多云或有荫蔽树、昼夜温差大、干湿季明显、土壤肥沃、适宜的咖啡品种、人工采摘鲜果、有机种植、种植规模小。东非南侧的马拉维和赞比亚等国家在咖啡带南边缘外围，虽然咖啡豆品质还不错，但与北部的肯尼亚、坦桑尼亚、埃塞俄比亚等国相比，还有一定差距。

3. 栽培管理措施

栽培管理措施包括除草、施肥、修剪、台面覆盖、园地荫蔽、病虫鼠害防治等。如栽培管理不当会造成果实发育不良、果实质量差，严重影响咖啡豆外观及感官品质。咖啡生产管理不当会导致咖啡豆质量下降。

（1）施肥不合理。氮肥过量会使咖啡豆产量较高，但杯品质量较差，咖啡因含量高；缺镁会引起咖啡褐色豆比例增加；缺铁会使咖啡植株光合能力下降，生长受阻，咖啡豆质量变差，琥珀豆多；缺锌会使咖啡豆的颜色呈浅黄或黄褐色。

（2）干旱。干旱会造成咖啡树营养供应受阻，植株变黄，致使咖啡浆果提前成熟，果实内的可溶性物含量低，咖啡豆表现为船形豆、银皮豆、未成熟豆，对咖啡杯品品质有较大影响。

（3）霜冻。云南部分地方有霜冻现象，霜冻后易产生褐色及其他颜色豆，对咖啡品质有很大的影响。

（4）病虫害的影响。因病虫危害，致使咖啡树营养供应不良，会导致咖啡浆果变干、提前成熟。有的虫害直接危害咖啡浆果，如蟒象危害过的咖啡浆果，对咖啡豆的外形和杯品品质都有严重影响。

4. 咖啡初加工及仓储

咖啡初加工及仓储的所有环节若处理不当都会破坏咖啡豆的品质，影响咖啡豆品质的环节主要有鲜果采收不合格、鲜果加工不及时、发酵时间过长、干燥时间过长及方法不合理、仓储条件不达标等。

二、咖啡质量控制

1. 选育良种

结合咖啡树的种植环境，培育出具有地方特色的优良品种，是提高咖啡品质最根本的措施。品种的选用应进行区域性推广试验，不要盲目追求世界知名品种，以免造成种植失败和引起病虫害的传播，很多咖啡的品质特性和区域性是结合在一起的，某地品质出色的咖啡品种在其他地区种植所产出的咖啡豆品质通常是不一样的。

2. 选用有利于咖啡品质形成的环境

以云南省咖啡种植区为例，云南省咖啡种植区地处高原，与原产地的地理环境和气候条件相似，生物资源丰富，具备独特的地理环境，选择适宜的环境是可以生产出优质咖啡的。但云南热区地形复杂，地貌类型多，垂直带气候差异明显，宜植地零星分布，大多数是分散栽培，需要注意小区域的小环境以及环境与品种的搭配。

3. 加强栽培技术措施

严格按种植技术要求，完成各项栽培管理措施，只有合理、精心的管理才能保证生产出优质咖啡豆。

4. 改进加工技术

加工质量不好，是降低咖啡品质的主要因素，在咖啡加工过程中，从采收到商品咖啡豆，每一环节出问题都将影响咖啡的质量。改进加工技术，如采用机械脱胶、人工辅助干燥等能有效提高咖啡的品质。有条件的应注重水土不同所显现的独特“地域之味”（不同山、不同海拔、不同品种等可分区采收加工）。

5. 完善咖啡质量管理体系

咖啡质量管理体系包括咖啡生产综合标准、咖啡豆的销售、咖啡园认证体系等多方面，建立完善咖啡质量管理体系是持续生产优质咖啡豆的保证。

咖啡认证体系是提高咖啡质量的一套行之有效的工具，它可以快速地监控咖啡生产的各环节，包括咖啡生产、销售、环境等，做到咖啡产品的可追溯性。目前国际上与咖啡相关的认证主要有公平贸易咖啡认证（Fair Trade）、直接贸易咖啡认证（Direct Trade）、鸟类友好咖啡认证（Bird Friendly）、雨林咖啡认证（Rainforest Alliance）、有机咖啡认证（Organic coffee）、碳中和咖啡认证（Carbon-neutral）、林下咖啡认证（Shade coffee）、4C 咖啡认证等。

培训大纲建议

一、培训目标

通过培训，使培训对象能够承担咖啡栽培和初加工岗位工作，或从事咖啡种植大田管理员、初加工技术员等工作。

1. 理论知识培训目标

（1）了解咖啡栽培与初加工人员应具备的职业道德和工作职责。

（2）了解咖啡栽培与初加工的基本素质要求。

（3）熟悉咖啡栽培与初加工相关专业知识。

（4）掌握咖啡树生物学特性及栽培技术要点。

（5）掌握咖啡初加工的技术要点。

2. 操作技能培训目标

（1）能识别常见的咖啡栽培品种。

（2）掌握咖啡苗木培育的方法。

（3）掌握咖啡树栽培管理的方法。

（4）掌握咖啡树常见病虫鼠害的防治方法。

（5）掌握咖啡鲜果初加工的方法。

二、培训课时安排

总课时数：86 课时

理论知识课时：34 课时

操作技能课时：52 课时

具体培训课时分配见下表。

培训课时分配表

培训内容	理论知识课时	操作技能课时	总课时	培训建议
第 1 单元　岗位认知	2		2	**重点**：咖啡栽培与初加工的意义和特点 **难点**：咖啡栽培与初加工的特点 **建议**：借助案例说明咖啡生产的重要意义和咖啡的经济价值
模块一　咖啡栽培与初加工的特点	1		1	
模块二　咖啡栽培与初加工岗位职责与基本要求	1		1	
第 2 单元　咖啡树栽培的相关特性	4	4	8	**重点**：咖啡树栽培的生物学特性 **难点**：咖啡树的种类及适生环境 **建议**：结合案例和实地观察，讲解咖啡树的种类并分析环境对咖啡树生长发育的影响
第 3 单元　咖啡育苗技能	2	8	10	**重点**：制种、播种催芽、营养袋育苗、扦插育苗方法及管理要点 **难点**：制种、扦插 **建议**：先由教师示范规范操作，然后学员 5~7 人一组进行练习，互相评议
模块一　咖啡制种技能	0.5	2	2.5	
模块二　咖啡播种催芽技能	0.5	2	2.5	
模块三　咖啡营养袋育苗技能	0.5	2	2.5	
模块四　咖啡树扦插繁殖技能	0.5	2	2.5	
第 4 单元　咖啡种植园的建立	2	6	8	**重点**：咖啡园的选择与规划，咖啡定植 **难点**：咖啡种植园的选择与规划 **建议**：先由教师示范规范操作，然后学员 5~7 人一组进行练习，互相评议
模块一　咖啡种植园的选择与规划	0.5	1	1.5	
模块二　咖啡树种植园的开垦	0.5	2	2.5	
模块三　咖啡苗木定植技术	0.5	2	2.5	
模块四　咖啡园植被的建立与管理	0.5	1	1.5	

续表

培训内容	理论知识课时	操作技能课时	总课时	培训建议
第 5 单元　咖啡园管理技能	8	8	16	**重点**：咖啡园的除草、合理施肥、修剪 **难点**：合理施肥、修剪 **建议**：教师结合实际讲解、示范，学员 5~7 人一组进行练习，互相评议
模块一　咖啡园耕作及除草技能	2	2	4	
模块二　咖啡树合理施肥及土壤管理技能	2	2	4	
模块三　咖啡树的修剪及更新复壮技能	2	2	4	
模块四　咖啡树寒害及处理技能	2	2	4	
第 6 单元　咖啡园病虫鼠害防治技术	6	8	14	**重点**：各种病虫害的症状和防治方法 **难点**：各种病虫害的识别 **建议**：结合实例标本讲解
模块一　咖啡树主要病害的防治技术	2	4	6	
模块二　咖啡树主要虫害的防治技术	2	4	6	
模块三　鼠害的防治	2		2	
第 7 单元　咖啡初加工技能	6	12	18	**重点**：咖啡湿法加工技术 **难点**：咖啡初加工技术 **建议**：教师结合实际讲解、示范，学员 5~7 人一组进行练习，互相评议
模块一　咖啡鲜果采收	2	2	4	
模块二　咖啡初加工技能	2	8	10	
模块三　带壳咖啡豆脱壳加工与储运技能	2	2	4	
第 8 单元　咖啡品质与质量控制技能	4	6	10	**重点**：咖啡品种评价及质量控制 **难点**：咖啡质量控制 **建议**：结合实例标本进行讲解
模块一　咖啡品质的评价技能	2	4	6	
模块二　咖啡质量控制	2	2	4	
合计	34	52	86	